坚持梦想

马云给创业者的 22 堂人生哲学课

高飞 ◎ 编著

沈阳出版发行集团
沈阳出版社

图书在版编目（CIP）数据

坚持梦想：马云给创业者的22堂人生哲学课 / 高飞编著. — 沈阳：沈阳出版社，2016.5（2017.9重印）
　　ISBN 978-7-5441-7511-1

Ⅰ.①坚… Ⅱ.①高… Ⅲ.①马云－人生哲学－通俗读物 Ⅳ.①B821-49

中国版本图书馆CIP数据核字(2016)第123584号

出版发行：	沈阳出版发行集团 ｜ 沈阳出版社
	（地址：沈阳市沈河区南翰林路10号　邮编：110011）
网　　址：	http://www.sycbs.com
印　刷　者：	北京天宇万达印刷有限公司
幅面尺寸：	170mm×240mm
印　　张：	17
字　　数：	272千字
出版时间：	2016年7月第1版
印刷时间：	2017年9月第2次印刷
选题策划：	郑　为　贺　旭
责任编辑：	王冬梅
特约编辑：	花　火
封面设计：	润和佳艺
责任校对：	天　宇
责任监印：	杨　旭

书　　号：	ISBN 978-7-5441-7511-1
定　　价：	39.80元

联系电话：024—24112447
E － mail：sy24112447@163.com

本书若有印装质量问题，影响阅读，请与出版社联系调换。

序
不小心可能实现的梦想

2000年7月10日,马云登上了《福布斯》杂志封面,这是50年来第一位获此殊荣的中国企业家。"他深凹的颧骨,卷曲的头发,淘气的露齿笑,一副5英尺高,100磅重的顽童样。"这是《福布斯》杂志对马云的外貌描述。

这样一个有着外星人相貌和气质的男人做了一个梦,一个"规模宏大"的梦。梦中,他来到异国,看到了一个神奇的东西。这个东西发光发亮,可以瞬间将信息传遍世界各地。他被这个神奇的东西深深吸引住了。他想让自己的同胞也能用上这个神奇的东西，并借助它发家致富。

在这个信念的激励下，他开始了努力。路途崎岖漫长，希望却微小渺茫，可是，他义无反顾，带着希望奋勇向前。为了壮大力量，他又找来一些志同道合的伙伴组成团队一起努力。虽然前行的道路崎岖不平，但是他们无所畏忌，勇往直前，攻克了一个又一个难关，踢掉了一个又一个拦路虎，十几载后终于让自己国家的人们习惯了用这个神奇的东西，并帮助很多人解决了就业和经济问题。

他的愿望实现了，但美梦却没有终止，依旧持续着。因为他又有了更远、更美的新的梦想，他把目光投向了更广阔处，他要帮助更多的人。

马云的梦想不可谓不大，帮助需要帮助的人，让天下没有难做的生意，领域囊括天下，气魄洪盖八方。没有人质疑这个狂想有无实现的可能，有的只是期待。

马云的经历和成就折服了人们,让人们无话可说。从白手起家到众望所归的"创业教父",马云缔造了一个创业神话。他带领团队把一只不为人知的小船打造成为一艘航母,颠覆了传统的商业模式,改变了无数人的生活。马云缔造的一个个传奇惊呆了世人,吸引了全球,而这一切都源于梦想。正应了那句经典的话:有梦想才有未来。

人生唯有梦想与坚持不可辜负。没有梦想比贫穷更可怕,因为这代表着对未来没有希望。一个人最可怕的就是不知道自己要干什么,有梦想就不在乎被人骂,知道自己要干什么,最后才会坚持下去。这就是马云的"梦想精神"。

马云敢于做梦,"鼓吹"做梦,不仅仅因为人生需要梦想,还因为梦想是大有希望实现的。就像马云说的:"梦想还是要有的,万一实现了呢?"这不是调侃,更不是嘲弄,而是一种厚重的希冀。

正如希望一样,梦想也是无所谓有,无所谓无的。只有坚持去实现，梦想才有可能变成现实。正如马云所说："关键不在于你有出色的想法、理念或梦想，而在于你是否愿意为此付出一切代价，全力以赴地去做它，证明它是对的。"

《坚持梦想——马云给创业者的22堂人生哲学课》结合马云波澜壮阔的创业经历，讲述了他是如何将自己的梦想一步步变成现实的。在讲述的过程中，借助马云的亲身经历和感悟告诉创业者梦想和现实之间究竟有着怎样的鸿沟，又该如何对待和逾越。

马云之经典话语，字字珠玑，句句走心，能一针见血地指出问题所在，秒杀创业路上的各种迷茫，帮你理清纷乱的思绪，进而助你逐步走向成功。

目 录
Contents

第一篇
001

马云说：

人不能没有梦想。没有梦想比贫穷更可怕，因为这代表着对未来没有希望。一个人最可怕的是不知道自己要干什么，有梦想就不在乎别人骂，知道自己要什么，才会坚持到最后。

谈人生追求：梦想还是要有的

第1堂课　莫作他想，有理想的人才有未来　/ 003

　　首先要给自己一个梦想　/ 003
　　改变世界的一定是你自己　/ 006
　　为梦想而生存，为理想而奔走　/ 008

第2堂课　创业就是做自己喜欢的工作　/ 011

　　挑喜欢且切合实际的事去做　/ 011
　　创业就是摸着石头过河　/ 013

第3堂课　你想成为什么，你便会成为什么　/ 016

　　平凡的人可以做不平凡的事　/ 016
　　此时此刻，非我莫属　/ 018
　　晚上想好了，早上就去做　/ 020
　　任何时候不要怀疑信念　/ 022

第二篇　025
谈竞争哲学：商场如战场，但商场不是战场

第4堂课 光脚的永远不怕穿鞋的 / 027

　　天下真的有免费的午餐 / 027

　　人被狠狠竞争过，才会有出息 / 030

　　进攻者，永远都有机会 / 033

　　小虾米一定要有个鲨鱼梦 / 035

第5堂课 一定要明白自己在做什么 / 039

　　有竞争有合作才有发展 / 039

　　要学会与不喜欢的人共事 / 042

　　要理性决策，勿感性做事 / 044

　　让更多的人参与到竞争中来 / 047

第6堂课 以乐观心态面对各种残酷 / 050

　　创业要考虑面对困难和失败 / 050

　　任何困难都必须自己面对 / 052

　　困难的时候用左手温暖右手 / 054

　　要坚信自己能渡过难关 / 056

第7堂课 善于竞争与敢于竞争同等重要 / 059

　　好风凭借力，送我上青天 / 059

　　开启一种新模式相当于成功 / 062

　　借名人效应制造吸引力 / 065

　　先做好、做强，再做大 / 068

马云说：

　　竞争，我认为在商业过程中，它是场游戏，可它更是一门艺术。第一，要向竞争者学习，只有向竞争者学习的人才会有进步；第二，如果在竞争中，你自己觉得越来越累，一定是你出了问题。应该让对手越来越累，你越来越开心。结果是，让对手心服口服地说，他输了，你比他厉害。这样的竞争才是我们倡导的竞争。

第三篇 071

谈人生价值：建立自我，追求忘我

第8堂课　建立自我，再追求忘我 / 073

做自己是人生的一种境界 / 073

只有忘我，才能更好地追求自我 / 075

诚信是你巨大的财富 / 078

你的责任心决定了你的格局 / 081

第9堂课　把自己的定位看清楚 / 084

人要明白自己是谁 / 084

要学会给自己清零 / 087

我们还是昨天的我们 / 089

不要在欲望中迷失自我 / 091

第10堂课　先学做人，再学做事 / 095

做人在前，做事在后 / 095

记住别人的好，要知恩图报 / 097

马云说：

在做任何事情之前，大家都看到，只有忘我，才能追求自我。我的今天，我觉得这八个字，我好像还可以：建立自我，反正别人说我好也好、坏也好，就是这么一个人；追求忘我，别人不管骂我、表扬我，我觉得阿里巴巴这个名字属于阿里巴巴，不属于我。

第四篇
101
谈行为哲学：发挥主动性，别人的经验并不重要

第11堂课 怕犯错误，就不会有明天 / 103

    错误不可免，不要怕犯错 / 103

    迅速纠错，不要犯同样的错误 / 105

    多看看别人是怎么失败的 / 107

第12堂课 永远要做最适合自己的事 / 110

    创业要找适合自己的项目 / 110

    找到属于自己的独特优势 / 112

    充分发挥出潜在的优势 / 115

    抓小虾米也能成大事 / 117

第13堂课 先做正确的事，再正确地做事 / 120

    方向比距离更重要 / 120

    "现在！立刻！马上！" / 123

    将灾难扼杀在摇篮中 / 126

    不要让资本说话，要让资本赚钱 / 129

第14堂课 建立一支成功的团队 / 132

    团队要有一个唐僧式的领导者 / 132

    别把飞机引擎装在拖拉机上 / 134

    既要留住人，又要留住心 / 136

    清出团队中的害群"野狗" / 140

    聘用一名优秀的财务主管 / 142

马云说：

    要想进步，就只有吸取教训，成功的经验都是歪曲的。成功了，想怎么说都可以，失败者没有发言权。可是，你可以通过他的事例反思、总结。教训，不仅要从自己身上吸取，还要从别人身上吸取。

第15堂课　努力做一个好的领导者　/ 145

　　企业管理者要关注细节　/ 145
　　逆境的时候要表现出领导力　/ 148
　　机会多的时候要抵制住诱惑　/ 150
　　沉住气，才能成大器　/ 152
　　领导者要有眼光、胸怀和实力　/ 156

第五篇　159

谈成功哲学：努力成为1%的成功疯子

第16堂课　不要忘记最初创业时的梦想　/ 161

　　不能沉浸在所谓的成功里面　/ 161
　　努力成为1%的成功疯子　/ 164

第17堂课　任何时候，经历都是一种成功　/ 167

　　不要把赚钱当作人生目标　/ 167
　　懂得分享就会换来成功　/ 169
　　80年变102年，做长寿企业　/ 171

第18堂课　为使命感奋斗才能走得更好　/ 174

　　一定要有一个共同目标　/ 174
　　依靠使命感做出决策　/ 176
　　统一的价值观必不可少　/ 180
　　当一万个"相信"变成信仰时，就成功了　/ 182

马云说：

　　人生是一种经历，成功在于你克服了多少困难，经历了多少灾难，而不是取得了什么结果。我希望等到七八十岁的时候，跟我孙子说的是我这一辈子经历了多少，而不是取得了多少。

第六篇 185

谈坚持哲学：像坚持初恋一样坚持梦想

第19堂课 今天很残酷，明天更残酷，后天会很美好 / 187

要成功就永远不要放弃 / 187

即使很累，也要咬牙坚持 / 190

即使不好，也不要轻易放弃 / 192

寒冬到来前要做好过冬准备 / 194

像坚持初恋一样坚持梦想 / 197

第20堂课 只有持久的激情才赚钱 / 200

创业最重要的要素是激情 / 200

傻坚持肯定要胜过小聪明 / 203

死扛下去总会有机会的 / 206

创业一定要专注，非专注无以成功 / 209

持久节俭才能让激情持久 / 211

第21堂课 持久做到：客户第一，员工第二 / 214

客户和员工才是你坚持下去的支柱 / 214

将"客户第一"落到实处 / 216

与员工交往要真诚用心 / 219

别把自己当英雄，成绩都是团队做出来的 / 222

第22堂课 要坚持把梦想变成现实 / 226

不断地创新使自己变强 / 226

创造出实用价值才是至关重要的 / 228

拥抱变化，抓住时机 / 231

马云说：

在自己找到的人生方向上不断地坚持，你就能得到自己想要的成功。很多人不是不努力，不是不勤奋，不是没有能力做好，是没有找到自己能够用来坚持一生的方向。创业前找到自己的方向，然后在这个方向上不断地坚持，你就会成功。

附录 　**马云关于"梦想"的演讲实录**
237

人生唯有梦想与坚持不可辜负　/　238

未来10年的梦想　/　241

梦想是可以喝着酒说的　/　244

给创业者的五点建议　/　246

不放弃,我们才有机会　/　249

把梦想变成团队成员的梦想　/　251

梦想变不成现实,就是空想、瞎想　/　253

> **第一篇**
> **谈人生追求：**
> **梦想还是要有的**

马云说：

　　人不能没有梦想。没有梦想比贫穷更可怕，因为这代表着对未来没有希望。一个人最可怕的是不知道自己要干什么，有梦想就不在乎别人骂，知道自己要什么，才会坚持到最后。

起点

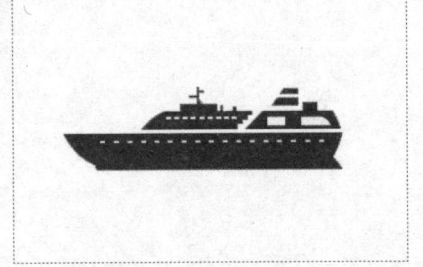

打工者的起点就好像是一艘大轮船，舒适而安全。

创业者的起点就好像是一只小船，孤独而危险。

睡眠时间

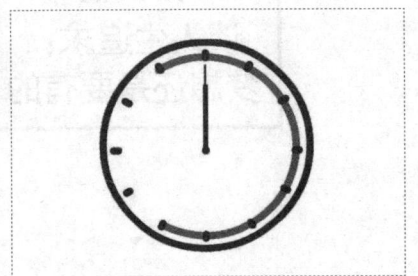

打工者可以一觉睡到大天亮，踩着钟点上班也心安。

创业者每天都要像疯子一样工作，睡得比狗晚，起得比鸡早。

能力

打工者通常只要凭借着一技之长就能吃遍职场。

创业者就得逼着自己成为多面手，十八般武艺样样精通。

第1堂课
莫作他想，有理想的人才有未来

马云微语录

作为创业者，首先要给自己一个梦想。

首先要给自己一个梦想

一座山的山顶上有两块石头。一天，一块石头对另一块石头说："我对外面充满了幻想，我们一起去外面游历一下吧！看看外面精彩的世界，如果能够碰到什么机遇，或许我们还能更进一步呢！"

"还是不要吧，何苦给自己找罪受！"第二块石头无法理解第一块石头的想法，"高高在上不是很好吗？看看周围的美景，吹吹凉爽的清风，多惬意啊！你怎么会有如此愚蠢的想法呢？真是让人无法理解。再说，如果遇到危险那多糟糕。"

第一块石头没有再说什么，而是毅然扭动身躯顺着山坡向山下滚动。旅途中，这块石头历经风雨洗礼和大自然的磨砺，但它依旧不断向前。许多年过去了，这块历经磨砺的灵石已经成了石艺的珍品，获得了很多人的赞美和称颂。最后，它被陈列在艺术馆里供人欣赏。

那块还待在山顶上享受美景清风的石头获知伙伴的殊荣后，非常后悔当初自己没有与伙伴一起去外面磨砺。它也想效仿伙伴去山下磨砺，但看看峥嵘的山峰，它又退缩了。

许多年过去了，人们为了修建一座博物馆，上山采石。那块山顶的石头在人们采石的过程中，被砸得粉身碎骨，从此了无踪影。

两块石头之所以结局不同，完全是因为第一块石头有梦想、有未来。在梦想的指引下，它历经磨炼，最终成就了未来。

马云就像那块有梦想的石头。"作为一个创业者，首先要给自己一个梦想。"这是马云在《梦想与坚持》演讲中的话。

马云是一个有梦想的人，可以说他能走到今天，能带领他的团队取得如此辉煌的业绩，都是靠梦想的指引。他在一次演讲中讲道：

"很多人做企业的时候，考虑自己能做什么，拿自己的强项跟别人的弱项比，我比别人有钱，我比别人技术好。我可以告诉你，世界上比你能做的人太多了，比你会做的人也很多，比你想做的人更多，但没有人比你更爱你自己。所以，人要有梦想。"

1995年初，马云因一次偶然的机会去了美国。在美国西雅图，马云第一次接触到互联网，这让他的思想发生了巨大的变化。他上网时发现当时的互联网上没有关于中国商品的任何信息，他下意识地想有一天要把中国企业的信息放到网站上去，让外国人去查。梦想就在此开始萌芽。

回到杭州后，马云就办互联网站的事咨询了很多老师，所有的老师都持反对意见，无一例外。马云又请了他在夜校的24个学生来自己家里讨论。经过两小时的激烈讨论，23个人表示了反对意见，只有1个人鼓励马云可以尝试一下，做事干脆的马云决定试试。

在工商局，马云用了1个多小时向工作人员解释互联网是什么，结果，工作人员却说这个词在字典里根本就没有。从无到有才有意义，马云愈发坚定了办互联网公司的念头。

1995年4月，马云和妻子再加上一个朋友，凑了2万块钱，创建了专门给企业做主页的杭州海博网络公司，网站取名"中国黄页"，这个公司是中国较早的互联网公司之一。

1999年2月，马云和朋友又创建了阿里巴巴公司。那个时候马云就相信，中国一定会成为世界上规模巨大的互联网国家。他认为未来中国网民的数量一定会超过美国，因为中国的人口基数很大，这一点是美国无法比拟的。"十三四亿人口，有三四亿人上网，我觉得这只是时间的问题，中国一定会诞生全世界最强大的互联网企业。"马云如是说。

"中国一定会诞生全世界最强大的互联网企业。"这是马云的愿望，也是马云的梦想。在这个伟大梦想中，马云要做中国电子商务的开拓者。

互联网一般分为三大板块：第一大板块属于意识形态领域。新浪、搜狐是这个领域的领导者。马云认为这个领域不适合自己，所以他决定不在这个领域放飞自己的梦想。

第二大板块是娱乐板块，也就是游戏板块。腾讯是这个领域的领潮者。马云认为人不能总玩游戏，特别是孩子更不能沉迷于游戏，所以他毅然放弃这片"梦想天空"。

电子商务是互联网的第三大板块。马云认为商业是全世界的人都能玩的游戏。所以，他决定就做电子商务。至此，马云的梦想终于找到了出口。

有梦想的人才有未来。创业者在创业之前，首先要给自己一个梦想，给自己一个远大的目标，然后在梦想的指引下，一步步创造未来。

改变世界的一定是你自己

陈光标是一名成功的企业家，同时也是一名慈善家，曾被美誉为"中国首善"。小时候，陈光标的家里很穷，他经常吃不饱，于是他决定靠自己改变命运。

10岁的时候，陈光标开始了对创业致富的探索。那时，上小学的陈光标利用暑假时间，用两只小木桶从二三十米深的井中取水，再用小扁担挑到离家1公里的集镇上叫卖，每天能赚两三毛钱。没开学他就赚到了4.5元，当时他的学费是1.5元。当交完自己的学费后，他听说邻居家的孩子也没有钱交学费，就去学校帮他把学费也交了。

13岁时，陈光标在暑假里每天骑着自行车跑十几里路去卖冰棒。后来，陈光标不满足于小打小闹，开始做起贩粮的买卖，从开始的骑自行车贩粮到用拖拉机贩粮，从最初一天赚五六元钱到后来一天能赚到几百元钱，陈光标的生意越做越顺。17岁那年暑假结束的时候，陈光标挣了2万元钱，成了全乡第一个"少年万元户"。

28岁那年，陈光标创建了他人生的第一个公司——南京金威利电子医疗器械有限公司。2000年，32岁的陈光标组建了江苏黄埔再生资源利用有限公司，致力于再生资源利用和新型材料制造等朝阳产业，至此他的事业又上了一个台阶。2006年，他的公司被评为"中国最具生命力百强企业"。

由于小时候的经历，陈光标对帮助别人有一种特殊的情怀，他立志成为一名慈善家，尽己所能帮助那些需要帮助的人。陈光标说到做到，最终成为一名实至名归的慈善家，得到人们的一致称颂。

陈光标的成功完全是他个人努力的结果，没有辛勤的付出，就不会有美好的未来，这句话用在他身上再合适不过了。

苏格拉底曾说过这样一句话："让那些试图改变世界的人先改变自己吧！"很明显，要想改变世界，首先要改变自己。如果连自己都改变不了，何谈改变世界。马云进一步诠释了这句名言，改变世界是可能实现的，但改变世界的人一定是你自己，而不是任何外人。

"改变世界的一定是你自己。如果你不能影响你的团队、领导和周围的部门，再有能力也是假的。"马云如是说。

确实，改变世界的一定是你自己，如果你自己都不梦想改变，都不追求进步，别人又会给你多少帮助呢？即使外界给了你帮助，也需要你自己努力，才会有结果。

上学时期的马云功课很差，只有英语很棒，这完全得益于他的勤学苦练。马云的一位地理老师有一次在杭州西湖边上，遇到几个外国游客。这几个外国游客向她问路，她用流利的英语为这几个外国游客指明路线，还顺便介绍了杭州的景点，外国游客连连向她表示感谢。

这位地理老师在向学生讲述此事时，要求学生不但要学好地理，而且要学好英语，以免被外国游客问住，丢了国人的脸。

马云记住了老师的话，开始奋发苦练英语。他每天坚持听英文广播，去西湖边找外国游客对话练习口语。正是凭着这股劲儿，马云的英语水平突飞猛进，得到了极大的提高。初中的时候，马云就可以熟练地和外国游客对话了，而且发音很标准。凭借这个优势，马云经常带外国游客游览杭州。

创业时，马云一没有殷实的经济基础，二没有任何可以依仗的靠山，可以说是白手起家。从一个只怀揣梦想的无名小子到一位世界知名的互联网企业大亨，马云依靠自己的努力，依靠一颗改变自己、改变世界的决心和信心，排除万难，一路走来，最终走在了成功的路上。

如果你不甘心世俗下去，不甘心随波逐流，想要在人生中有所收获，有所改变，实现自己的人生价值，就不妨给自己一个梦想。然后，在梦想的指引下，通过自己的努力，一步步实现目标，直至如约实现心中的梦想。

为梦想而生存，为理想而奔走

1991年，英语翻译人才很稀缺，很多人找马云做他们的翻译，马云一个人根本应付不过来。马云发现需要翻译的人很多，于是就想设立一个翻译社。他想到了一些退休在家的英语教师，于是他将这些老教师组织起来，成立了杭州第一个英语翻译社——海博翻译社。

"我当时认为一定会有需求，应该能成功，所以我就做了。"多年以后，马云在想起这段往事时轻描淡写地说道。

翻译社创建初期，入不敷出，收入还不够交房租，马云遭到很多人的讥讽和嘲笑。为了让翻译社能正常运转，马云不得不跑到义乌小商品批发市场购进很多小商品进行贩卖，这一干就是两年，最终不仅成功养活了翻译社，还使其扭亏为盈。

在翻译社逐渐步入正轨后，马云将翻译社的管理工作转交给了翻译社里的工作人员，自己再一次出去创业。

1995年，从美国返回杭州的马云创立了互联网公司中国黄页。那时候，马云只租了一个房间当办公室，只有一台电脑。由于资金十分有限，所以不敢花钱，只能一块钱一块钱数着花，付完房租后就剩下三四千块钱了。由于没钱买办公用品，他只好把家里的家具搬到办公室当办公桌和柜子使用。

1999年，马云创建了电子商务公司阿里巴巴，这是马云真正梦想的开始，虽然事先也曾考虑到这条创新之路可能不好走，但问题之庞杂，困难之巨大，确实让人很难承受。

当时阿里巴巴的办公地点就在马云的家里，最多的时候，他的家里坐了35个人。墙壁渗水，马云就去外面找来报纸贴上应付一下。当时阿里巴巴的员工工资只有500元，但就是这500元，马云有时候也拿不出来，只得向员工借钱，然后再发给他们。

在阿里巴巴有了一定的发展后，马云将阿里巴巴总部设在了香港。这样一方面可以更好地与世界接轨，另一方面也能扩大阿里巴巴的知名度。为了谋求更多的发展机会，马云开始往世界各地跑，在美国建立技术基地，在伦敦开设分公司，在德国演讲……1999年到2000年，马云几乎跑遍了世界的每一个角落。

为了宣传阿里巴巴，马云热衷于参加各类商业论坛并发表演讲，讲阿里巴巴的业务，讲阿里巴巴的使命，讲阿里巴巴的发展方向。在马云孜孜不倦的努力下，阿里巴巴的名声在欧美地区火爆起来，马云也开始被一些世界知名杂志和报纸关注。

等阿里巴巴真正强大起来后，马云不需要再满世界地跑去宣传了，但他依旧很忙，而且似乎越来越忙，因为需要他做的事情更多了，肩上的责任更大了。对此，马云无怨无悔，因为这一切都是因为梦想。为梦想而奔走，自然是心甘情愿的。

梦之所想,心之所向。2008年4月,马云在湖畔学院演讲,他说了这样一句话:"我们要为我们的理想而走,否则我们永远不开心。"

确实,为梦想而奔走,虽劳累,但很开心。"躲避生活的绝望,忽视人生的沉沦,自始至终不屈地去奋斗,这一切都是因为我们心中拥有一份可实现可以为之不顾一切的理想,而不是虚无缥缈的理想。"马云如是说。

第2堂课
创业就是做自己喜欢的工作

> **马云微语录**
>
> 创业永远挑选最容易做、最让自己快乐的事情，创业不是为了赚钱，而是你喜欢它，你喜欢这个工作，你喜欢做这件事情，那是最大的事情，最大的动力所在。

挑喜欢且切合实际的事去做

在一次演讲中，马云说道："创业永远挑选最容易做、最让自己快乐的事情，创业不是为了赚钱，而是你喜欢它，你喜欢这个工作，你喜欢做这件事情，那是最大的事情，最大的动力所在。"

马云创业不是为了钱，而是因为梦想，因为喜欢。他创建海博翻译社，是因为他喜欢英语，喜欢翻译工作，当然也是为了给那些退休在家没事可干的老教师找点事干。

创建中国黄页，是因为感受到了互联网的神奇，受到互联网诱惑的结果。而创建阿里巴巴，则是希望能在互联网行业做出一番大的成就，以帮助那些需要帮助的中小型企业。

在阿里巴巴前期发展过程中，有一家很大的公司曾邀请马云加盟，那时马云还籍籍无名,名气远没有后来大。那家公司许诺给马云150万美元的年薪,还不包括奖金。可以说待遇相当高,是个很大的诱惑,但是马云却毫不犹豫地拒绝了。马云的很多亲戚朋友都说马云是疯子,那么多钱送到面前都不要。

马云之所以拒绝加入那家大公司,根本不是钱的原因。因为个人赚钱不是他的理想,他的理想是帮助更多的人赚钱,而不是自己赚钱。他说:"我就是想创办一家中国人的网站。所以,当你有很强烈的愿望要做什么的时候,你会抵挡住很多诱惑。不要问你能做什么,因为这个世界上能做什么的人比你多多了。你要想清楚自己最想要什么。"

喜欢固然能让自己干劲十足,充满动力,但同时一定要注意,所选择的事业一定要切合实际,不能痴人说梦。痴心妄想的结果只能是一场空。2004年,马云在网商大会上说:"我们今天有一个网商梦,希望开辟网上的'沃尔玛',这是基于我们做了200万的营业额。如果你一分钱都没有做到,说我要做沃尔玛,我认为可能性不大,我做这个企业之前也是一点点来的……你在创业的第一天一定要有梦想,还要坚持这个梦想。"

马云的核心意思是梦想是要有的,但一定要注意切合实际,注意操作性和实现性,不能凭空说白话,不能幻想和空想。

实践证明:越是与时代发展相结合的梦想,越能借助时代前行的力量而实现;越是与时代潮流相违逆的梦想,越难以开花结果。

马云的梦想是切合实际的。2004年,阿里巴巴在美纽交所上市后,马云的梦想有了新变化,他在接受CNBC专访时,说:"我有一个梦想,中国在过去15年当中因为我们而改变,我们希望未来15年世界能够因为我们而改变,我们要大过沃尔玛,但不是因为公司规模。我们希望能够学习他们改变世界的样子,就像IBM和沃尔玛,它们的形成过程本身也就改变了世界。"

马云在说这些话时是充满自信的,是胸有成竹的。因为他这个新梦想不是痴人说梦，以阿里巴巴现实的实力和发展势头，马云是完全有实力实现这个梦想的。

梦想应该是喜好和现实的圆满结合，不喜欢的事情，不要强迫自己将之当作梦想，即使勉而为之，取得的成就也必然很有限，而且自己也不开心。在喜好的基础上，更要注意切合实际，注意能力和现实的结合。如果梦想不切实际，即使付出再多，再努力，结果也只能是一场空，让自己备感失望。

正如马云所说："梦想就像穿鞋，合不合适只有试过才清楚。如果用尽全力之后，你发现背负梦想是痛苦的，那只能说明这个梦想还不够适合你……不切实际的梦想就像不合脚的鞋子，只会让人越走越痛，只有切合实际的梦想才能让你稳步前行。"

创业就是摸着石头过河

马云可以说是国内第一个做互联网商务的人。1995年，在西雅图，马云第一次接触到了电脑。那个时候，电脑是很贵的，只有一些有钱的公司才有电脑。在一个很小的房间里，马云在别人的指导下，小心地在电脑搜索栏上打下了一个词——啤酒。当时的网速很慢，好久才显示出信息来，不过这已经让马云感到震惊了。

马云又小心地打上了"中国"两个字，但没有搜出任何信息。马云跟屋里的人说，能不能做一个中国的网页放上去。那个时候，马云的海博翻译社已经成立了，于是屋里的人就做了个海博翻译社的网页挂到了网上。

海博翻译社是上午挂到网上去的,下午就有邮件过来了,这让马云感到很惊奇,感觉非常有意思,他顿时萌发了要在这方面创业的想法。

回国后,尽管遭到众多亲友的反对,马云还是和妻子再加上一个朋友凑了2万块钱,创办了中国黄页。初期,公司的业务主要是给企业做网站。由于当时国内企业没有办法上网,再加上绝大多数人都还不清楚互联网是个啥东西,因此这项业务开展起来异常困难。

马云先向朋友描述互联网怎么怎么好,然后要他们的资料,通过EMS寄到美国,美国的生意伙伴将网页做好,打印出来,再快递回杭州。马云又将网页打印稿拿给朋友看,告诉朋友在互联网上能查到该信息。

由于没有办法在网络中看到,马云的这些朋友怀疑马云在欺骗他们。对此,马云说:"你可以给法国的朋友打电话,给德国的朋友打电话,或者给美国的朋友打电话,电话费我出,如果他说看不到,那就算了,但如果他们说能看到,你们就要付我们一些费用了。"

虽然这样,但他们还是不相信马云。马云接的第一个单子是帮助望湖宾馆做一个门户网站。宾馆经理给了马云一份中英文的宾馆介绍,马云把介绍打印好,然后传到美国西雅图做网页,最后再把做好的网页挂到互联网上。

网站做好后,马云找到望湖宾馆的经理,让他看看国外有没有人看到这个网页,如果有人看到,再付给他钱也不迟。可是望湖宾馆的经理对马云说,即使有人看了,他也不会付钱的。原来,他把马云看成了一个骗子。实际上,当时很多人都把马云看成了一个骗子。

1995年8月,中国电信连入互联网。为了证明互联网的存在,也为了证明自己不是骗子,马云找了很多媒体朋友到家里来,进行拨号上网。经过漫长的三个半小时,马云等人终于等出来半张图片,虽然仅仅只是半张图片,但却证明了马云不是骗子,互联网是真实存在的。

那个时候，中国黄页跟业内的国企竞争，处境很艰难，但马云不服输，顽强地抗争。同时，国企也没有办法把中国黄页消灭掉。于是，双方坐下来开始谈判。1996年，中国黄页被迫与杭州电信成立了一家合资企业，马云失去了控制权。

后来，外经贸部邀请马云和他的团队来京工作。在外经贸部，马云带领他的团队做出了巨大成绩，先后开发了"网上广交会""中国外经贸"等一系列网站。

在外经贸部，马云一干就是一年零一个月。最后，他决定离开，重新创业。离开北京之前，马云对随他从杭州一起去北京的6个年轻人说："我要回杭州创业了。我可以推荐你们去雅虎工作，一个月能拿到一两万块钱，也可以去其他公司。愿意跟我回家创业的，我一个月付你们500块钱，我们一起干10个月，能不能够成功，我不知道。如果失败了，大家再去找工作。"结果，这6个年轻人考虑了3分钟，就决定跟随马云回家创业。

1999年2月21日，马云和其他17个创业者凑了50万块钱，创建了阿里巴巴公司。到了第六个月的时候，这50万块钱就花没了。马云去找一些企业界的朋友，希望能筹措到钱渡过难关，但都被拒绝了。

幸运的是，这个时候风险投资找到了他们。马云终于缓了口气。阿里巴巴从当初的18个人发展到一万多人，从最初的50万元创业资金到后来的几千亿资金，这是一个巨大的跨越，是马云带领他的团队一步步尝试着走出来的结果。

没有什么事情是完全定好的，成功也是，失败也是。要敢于向前，希望是本无所谓有无所谓无的，只是走的人多了，希望便有了。

第3堂课
你想成为什么，你便会成为什么

> **马云微语录**
>
> 　　梦想的力量是强大的，能达到什么样的境界，取决于你想达到什么样的境界。

平凡的人可以做不平凡的事

　　谢坤山是台湾十大杰出青年之一，也是台湾青年奖获得者。小的时候，他家里很穷，很小的他需要经常帮父母干活来养家。勉强上完小学后，谢坤山没有继续上学，而是去了工厂打工。

　　16岁时，谢坤山在车间工作时，触碰到高压电线而被高电压击倒在地，四肢只剩下一只脚完好。谢坤山的世界一下子陷入了黑暗之中。

　　家人的关心和爱护，让谢坤山意识到人生不能就此沉沦下去，他开始跟命运抗争。他发明了适合自己现状的喝水、吃饭的方法，又开始学着用嘴咬笔来学习画画。

　　命运之神还嫌加在谢坤山身上的霉运不够，也或许是为了给他更多的考验，在学画期间，谢坤山因意外又碰瞎了一只眼睛。

谢坤山依旧不屈不挠地与命运抗争，画画给他开启了一座艺术殿堂，让他原本灰暗的人生变得光亮。他决定再次回到学校完成初中和高中的教育，并在绘画这条艺术道路上坚持不懈地走下去。谢坤山凭借着一个普通人的坚强意志，孤独但执拗地行走在前行的路上。

最终，谢坤山迎来了自己的成功。他不但完成了自己想要完成的学业，也收获了自己的爱情，并有了两个可爱的女儿，而且还成了一位知名的职业画家。

马云认为，苦难能使人学到许多有用的东西，并得到真正的锻炼。他总结道："人往往在越困难的时候意志越坚强，奋斗的目标也越清晰。而人生的机遇，就是在自己的苦苦奋斗中争取来的。"

马云又将苦难和创业联系到一起，他说："一个创业者大凡在起步阶段，都需要从最简单的工作做起，甚至当搬运工。打个比喻，人就好像那成堆的湿煤，磨难就像那簸箕，颠颠摇摇才能成煤球，才能燃烧。"

马云一直坚持认为，平凡的人完全可以做出不平凡的事来。他一直以来就没有认为自己比别人有何高明之处，没有认为自己高人一等，更与伟大不沾边。

"我并不伟大，我也是很普通的人，如果马云是一个伟大的人，那这家公司就废了。"马云如是说。

在马云看来，阿里巴巴里面从普通员工到CEO，都是普通人。但这些平凡的人经过努力却做出了不平凡的事，阿里巴巴就是这些人缔造出来的不平凡的产物。

阿里巴巴创建之初，大街上只要不是太瘸的人都可以被招进来工作，之后的几年之内，那些能干的人被猎头公司挖走了，聪明的人出去创业了，剩下的是一些智力十分普通的人，但正是这些智力平常得不能再平常的人经过辛勤努力，创造出惊人的佳绩来。

这些确凿的事实有力地证明了马云的观点，即平凡的人可以做出不平凡的事。所以不要再怀疑自己是不是成才的料，人人都是璞玉，只要打磨，都可以成为一块宝玉。

此时此刻，非我莫属

创业要有梦想，要有追求，要有"此时此刻，非我莫属"的自信和豪气。

阿里巴巴的成功以及马云一贯的高调，让很多人称马云为互联网"狂人"。对于这个称呼，马云曾表示认可。

这个称呼，一方面是说马云的想法和做法让外人看起来很疯狂；另一方面也说明了马云对自己抱有十足的信心。马云自己也曾"狂傲"地说："我就是打着望远镜也找不到对手。"他的自信溢于言表。

只有自信的人才能够成功。古今中外，很多人的成功事迹已经完好地为这个观点做了佐证。贝多芬、富兰克林、伽利略、萧伯纳、丘吉尔等很多人都是这方面的代表。

国外一家杂志社曾经对一些事业成功的企业家做了一次调查，发现这些成功人士的个人才干对企业经营的成功起着决定性的作用。这些成功的企业家所共同具备的七个特征中的第一个，就是：在任何条件下，即使企业面临严峻考验，也有必胜的坚定信念。

马云是个非常自信的人。一次，在《赢在中国》节目现场，有选手问马云，是否因自己的外星人长相而感到自卑。马云回答道："男人的智慧往往是与长相成反比的。"马云也知道自己的长相欠佳，但这绝不会成为他自卑的理由。相反，他更自信自己能成功。

在一次演讲中，马云讲道：

"如果我有很强的靠山，我反而自卑。我经历过失败、挫折，这些超过一般的同龄人。但是有一点，我不虚伪。狂妄的背后有三点：第一，你不了解他；第二，我看到的，你没看到；第三，许多人演讲是对的，但他不相信自己，而有的人演讲，即使错了，他也相信自己是对的。"

马云属于那个演讲错了也相信自己的人。他一直坚信：如果你充分相信自己有能力进行任何活动，那么，你实际上就能获得成功。一旦你敢于探索那些陌生的领域，便有可能体验到人世间的种种乐趣。

马云强大自信的背后是"此时此刻，非我莫属"的豪情和敢当大任的勇气。在初步接触互联网后，他想中国也应该有互联网。于是，他义无反顾地创建了中国最早的互联网企业——中国黄页。在电子商务之风还没刮到中国境内之时，马云又一次充当起创业先锋的角色，在极其困难的情况下，创办了阿里巴巴。

在阿里巴巴遭遇的各个关口，难题像乌云一样笼罩，马云依然自信爆棚，他坚信没有迈不过去的坎儿，没有过不去的火焰山。马云勇立潮头，带领阿里巴巴团队积极与困难做斗争，见招拆招，步步为营，攻克了一个又一个难关，取得了一个又一个胜利，最终铸就了阿里巴巴今日的辉煌。

美国的B2B公司曾是世界上最大的互联网公司。马云却想超越它，他信誓旦旦地说："十年内，阿里巴巴很有可能成为世界上最大的互联网公司，我们一定会超过美国的B2B公司，就像现在的中国移动，当初谁也不相信，它能成为全世界最大的通信公司……今天的互联网时代，在中国这片土地上，一定会出现很大的奇迹，一定会有超越榜样的机会。"这就是马云的自信。

没有自信的人没有未来，有自信的人才有可能铸就辉煌的未来。因此，创业者一定要有自信，一定要有非我莫属的勇气和豪情，才能在追梦的路上不断向前，即使跌倒了也能再爬起来继续前进，直至成功拥抱梦想。

晚上想好了，早上就去做

爱迪生曾说过这样一段话："当一个人年轻时，谁没有空想过，谁没有幻想过，想入非非是青春的标志。但是，我的青年朋友们，请记住，人总归是要长大的。天地如此广阔，世界如此美好，等待你们的不仅仅是需要一对幻想的翅膀，更需要一双脚踏实地的脚！"

爱迪生的话并不深奥，就是告诉青年人，幻想不是可怕的，但如果不能从幻想中走出来，脚踏实地地去做事才是最可怕的。

2007年，比尔·盖茨在母校哈佛大学毕业生典礼上讲到，他当初创业，就是想好了目标，然后马上开始行动，并矢志不渝、坚定不移地走下去。"不要让这个世界的复杂性阻碍你前进，要勇敢地成为一个行动主义者。"比尔·盖茨这样告诫创业者。

马云最看不惯的是很多想创业的人想好了要创业，但就是不肯付出行动，按他的话说就是"晚上想想千条路，早上起来走原路"。

马云大学毕业后进入杭州电子工业学院教书育人，在教师的岗位上兢兢业业执教5年，成为杭州十大杰出青年教师，校长许诺他外办主任的职位，但一心想创业的马云却委婉地拒绝了，他放弃学院给予他的地位、身份和其他待遇，毅然投身商海。

1995年，马云在美国首次接触到互联网。初次接触，他就被这个神奇的东西惊住了。在他看来，这个东西太神奇了，他敢肯定，国内绝大多数人都不认识这个东西。实际上，即使在全球范围内，当时互联网也才刚刚开始发展。那个时候，杨致远创建雅虎也还不到一年。

就是在这样的情况下，马云萌生了开展互联网业务，利用互联网赚钱的想法。回到杭州后，马云很快召集了24个朋友，把自己想办互联网公司的想法说出来，征求他们的意见。马云回忆道：

"我请了24个朋友来我家商量。我整整讲了两个小时，他们听得稀里糊涂，我也讲得稀里糊涂。最后问到底怎么样，其中23个人说算了吧，只有1个人说可以试试看，不行就赶紧逃回来。"

马云想了一晚上，第二天早上起来后决定还是干。"我想了一个晚上，第二天早上决定还是干，哪怕24个人全反对我也要干。"马云如是说。

马云不是说说而已，他是想好了就干。同年4月，他就和妻子、一个朋友凑了2万块钱，成立了杭州海博电脑服务有限公司，业务是专门给企业做主页，网站取名为"中国黄页"，这是中国最早的互联网公司之一。

1995年5月9日，中国黄页上线，马云开始全力开展业务。虽然运营初期几乎没有什么业务，但马云还是坚持将梦想做下去。

3个月后，上海正式开通互联网，人们对互联网的认识逐渐丰富，马云的业务也逐渐好了起来，公司开始走上正轨。

创建中国黄页之后，马云又想帮助中小企业发家致富，帮助广大消费者便利购物，帮助政府解决就业问题，于是他又创建了阿里巴巴。阿里巴巴的意思是"芝麻开门"。

马云觉得阿里巴巴的故事是全世界人民都熟知的，如果公司叫阿里巴巴，人们一听就记住了，于是他就把自己想要开的公司取名叫阿里巴巴。

就这样，从"中国黄页"开始，马云开始了他的互联网创业之梦。或许马云本人也没有想到，他的互联网之梦不但实现了，而且还越做越大，最终成为一艘互联网"航空母舰"。

创业的前提是要有梦想，但是有了梦想之后，一定要有行动，不能停留在只想不做的阶段。行动就是力量，能将你缥缈的想法变成活生生的现实。因此，有了想法，就赶快行动起来吧！

任何时候不要怀疑信念

信念是什么？信念是意志行为的基础，是个体动机目标与其整体长远目标相互的统一。没有信念，人们就不会有意志，更不会有积极主动的行为。简单来理解，信念支撑着意志，支撑着积极主动的行动。没有信念，就没有意志，也没有积极主动的行动。

杨澜是一位现代成功女性，无论生活还是事业，她都可以说是取得了圆满。她写过一篇名为《搏一搏才有机会》的文章，其中她写道：

"很多记者采访我时，经常会问：'你很有心计呀，在中央电视台最辉煌的时候选择去读书，后来又来到凤凰卫视，这一切都是你安排好的吗？'我说：'没有啊，我哪有什么心计！'当时，我是中央电视台一名当红主持人，大型活动通常都由我主持。可是有一件小事，让我感觉到身处环境的不安全。一年春节联欢晚会原先安排了6名主持，经过了几次彩排后，导演组决定将其中一名主持大姐刷下，但没人通知那位大姐。那天，那位大姐兴冲冲地来到化妆间，可化妆师却说没她的名字。大姐知道情况后，黯然神伤地离开了。我当时坐在一旁，似乎看到自己的未来就是这样。

我心想，如果没有机遇和环境的平台，有多少成功算是你努力的结果？我选择离开源于恐惧，因为命运不在自己手中。从那一刻起，我就觉得自己得站稳脚跟，不能沉迷于鲜花和掌声中，要去寻找成长，去读书。我的成长并不是刻意安排的，是随心里最真切的声音而走的。年轻时不去搏一搏，什么时候还有机会呢？"

杨澜的成功源于她坚定不移的信念，那就是要成长。正是基于这样的信念，杨澜克服了一个又一个困难，取得了一个又一个辉煌成就。

创业一定要有坚定不移的信念，要有目标一定会实现、一定能实现的信念，只有有了坚定不移的信念，才能产生强烈的意志，进而才会有积极主动的行动，目标也才能真的实现。

一个人只有希望自己成为什么样的人，他才有可能成为什么样的人，这也是信念。马云希望在互联网有所作为，希望阿里巴巴能够帮助中小型企业，希望让天下没有难做的生意，他将这些希望看成是自己的事业，看成是自己的信念。

"阿里巴巴成立的时候我就说过，我们相信中国一定能进入WTO，而中国的腾飞又是以中小企业的发展为基础的，我们用IT武装他们，帮助他们腾飞，也帮助自己腾飞，公司也能赚钱。只有电子商务才能改变中国未来的经济，我坚信进入信息时代以后，中国完全有可能成为世界一流的国家，无论政治、军事，还是文化。"

就是在这些信念的激励下，他不停地努力、付出，终于成了自己想要成为的人。

在马云看来，人可以怀疑自己，但不要怀疑信念，他曾这样说：

"我是经常怀疑自己的，我怀疑自己但不怀疑信念。因为信念和自己有时候是不一样的。我怀疑自己这个事做得对不对，而对我的信念、我的目标从来没有怀疑过。

"阿里巴巴成立时说要让天下没有难做的生意，这是我们的信念。这个信念没有错，但是我做得对不对，是不是按照这个路数做的？我不断怀疑自己，然后不断地拷问自己。"

任何时候，可以怀疑自己，但不可以怀疑信念，这就是马云做事的态度。

马云坚信一条人生信念，人可以失败，但是不能失去做人的执着。不管确立的目标是什么，不管要去实现这个目标有多艰难，一旦踏上追寻理想之路，就要有强烈的意愿坚持下去，抱着百分百的热爱去面对挑战，克服难题。

确实，在创业过程中，无论是遇到了什么困难，遭遇了哪些挫折，马云都没有怀疑自己的目标、自己的使命、自己的理想，他做的只是努力解决问题，克服困难，不断向前。

创业就要有坚定不移的信念，而且任何时候不怀疑、不质疑，保持对信念的忠诚，一往无前，无所畏惧，直至目标实现，梦想变成现实。

第二篇
谈竞争哲学：商场如战场，但商场不是战场

马云说：

竞争，我认为在商业过程中，它是场游戏，可它更是一门艺术。第一，要向竞争者学习，只有向竞争者学习的人才会有进步；第二，如果在竞争中，你自己觉得越来越累，一定是你出了问题。应该让对手越来越累，你越来越开心。结果是，让对手心服口服地说，他输了，你比他厉害。这样的竞争才是我们倡导的竞争。

办公室

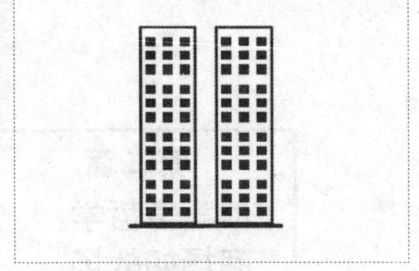

打工者的办公室高大上,办公环境要多舒服有多舒服。

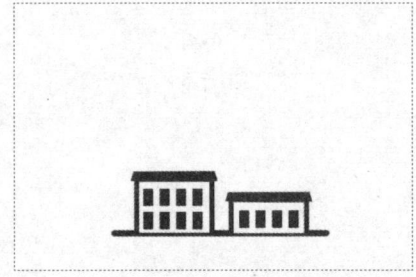

创业者是白手起家,只得在艰苦的环境里不停奋战。

一日三餐

打工者的三餐按时按点有规律。

创业者边吃边工作,饮食规律一边去。

每日最低开销

打工者只需要解决自己的饭碗问题。

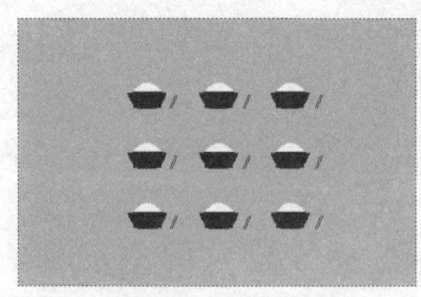

创业者需要管整个团队的饭碗。

第4堂课
光脚的永远不怕穿鞋的

> **马云微语录**
> 网络上面有一句话——
> 光脚的永远不怕穿鞋的。

天下真的有免费的午餐

2005年5月,马云在阿里巴巴员工大会上说了下面这番话:

"我可以预感到未来三年,我们的竞争非常残酷,无论是自觉也好,不自觉也好,我们惊动了全世界最强大的竞争对手……所有的对手出手都可以让我们断一个胳膊、少一条腿,我们的形势非常严峻。我现在称为四个公司,阿里巴巴、雅虎、淘宝、支付宝,如果这四个兄弟能手拉手、心连心,互相信任地敞开合作,四兄弟联合在一起,所有的员工围绕一个目标走,我们赢的概率比世界上任何一家公司都大。"

就是在这样的"险恶"背景下,马云和他的团队敢于亮剑。面对优秀强大的竞争对手，马云不但没有胆怯、退缩，反而表现出高昂的态势，意气风发，斗志昂扬，仔细地分析情况，理智地判断态势，然后果断地做出决定。

成立于1995年9月的eBay是全球最大的电子商务公司，在成立不到7年的时间里高速发展，取得了傲人的成绩，拥有来自世界各地不计其数的注册用户。在淘宝网成立后，它成了淘宝网的最大竞争对手。

早在2003年淘宝网成立伊始，eBay就和淘宝开始了地盘争夺战。资金雄厚的eBay与新浪等几大门户网站签订了排他性广告协议，开始对淘宝网进行"封杀"，意图在18个月内灭掉淘宝。

面对强大的竞争对手，马云不急不躁，从容淡定。战略上轻视，战术上重视，这是马云一贯的作风。马云密切关注eBay的一举一动，对eBay公司所有高层的资料以及他们擅长的打法都进行详细研究，力求做到知己知彼。

经过研究，马云发现eBay虽然貌似很强大，来势汹汹，但很多方面并不完善，存在很多弱点，他觉得胜算还是很大的。马云说："eBay可能是海里的鲨鱼，可我是扬子江里的鳄鱼，如果我们在海里交战，我便输了，可如果我们在江里作战，我稳赢。"

在了解清楚情况后，马云加速了应对和反击eBay的步伐，在继2003年5月投资1亿元成立淘宝网后，2004年7月，他又再次追加3.5亿元，之后一年，淘宝网和eBay激烈开战，一个巨大的eBay广告被打在马云办公室对面的大楼上，而eBay上海办公室周围也布满了淘宝的广告牌，竞争可谓白热化。

2005年，马云宣布对淘宝网追加10亿元的投资，主要用于淘宝网店、诚信体系以及品牌建设。与此同时，对抗阵营里，又悄然增加了腾讯这个实力强大的对手。同年9月，腾讯拍拍悄然进军C2C领域。形势异常严峻起来。

为了甩开对手,马云宣布从2005年开始用户免费试用淘宝网3年。马云并不急着赚钱,而是先以培育市场为主要目的,把客户的满意度放在首位。

淘宝网的使命是"没有淘不到的宝贝,也没有卖不出去的宝贝",马云的"免费政策"起了奇效,免费的午餐迅速赢得了人气,很多原先eBay的卖家"搬迁"到了淘宝网,致使淘宝网实力大增,取得了不俗的成绩。

对此,胸有成竹的马云声明"免费政策"只不过是一种十分正常的竞争手段,而不是最重要的竞争手段,更重要、更古怪的手段还会陆续出现。

在中国,eBay一直以来都是推行收费政策的,对于淘宝网的免费政策,eBay认为其不是一种商业模式。尽管如此,迫于淘宝网免费政策带来的压力,eBay也不得不尝试"免费"。然而为时已晚,机不可失,失不再来,至2005年12月20日,当eBay推出免费政策的时候,两者的客户数据差距已经超过了20倍,eBay似乎已经失去了翻盘的机会。

针对竞争对手的模仿,马云饶有趣味地表示,模仿并不能击垮竞争对手,徘徊在收费和免费之间将会更加被动。

经过一番激烈的角逐,终于尘埃落定,C2C市场的桂冠被淘宝网成功摘取。权威数据显示,在中国的C2C市场上,淘宝网以57.10%的市场份额处于绝对的领先优势。

马云没有止步于战胜eBay,在eBay和淘宝激战正酣的时候,他就曾轻松地宣布:"游戏即将结束,同eBay竞争已经提不起我的兴趣。"在C2C市场上,淘宝网完胜eBay后,马云在亚太经合组织峰会上说:"未来的两三年,将动用所有资源全力发展搜索业务。我们的下一个目标是阻击

Google。"Google是谁？是世界级搜索引擎巨头Google公司开发的功能强大的互联网搜索引擎，其实力巨大。

马云的这一宣告一石激起千层浪，引起了各路搜索大鳄们的注意，激战不可避免，但马云丝毫不害怕，不感觉有任何压力，同时做好了与各路英豪竞争的准备。

在创业的道路上，敢于竞争、善于竞争是非常重要的。敢于竞争，你才有取得胜利的可能；善于竞争，才能增大你取胜的概率。

人被狠狠竞争过，才会有出息

竞争从来都是激烈的，狭路相逢勇者胜，只有敢于竞争才能有取胜的可能，一味地妥协和退让只能让成功越来越远。

倪润峰是长虹集团的前总裁，他好斗、强势、敢于竞争，其雷厉风行的行事作风让业内竞争对手战战兢兢。

当国际彩电大举进占国内彩电市场，国际彩电制造商猖狂喊出"不惜30亿美元也要占据中国彩电市场的绝对份额"，并定下"打败一个公司，挤占一个行业"的目标，国内的彩电厂家无力应对时，倪润峰毅然站了出来，率先打起了反击的价格战，宣布长虹所有品牌彩电一律降价销售，降价幅度为每台100～850元不等，全面降价幅度高达18%。

倪润峰的疯狂之举让很多人瞠目结舌，甚至不少人都认为倪润峰是在"自寻死路"。但出人意料的是，在接下来的价格大战中，倪润峰却没有

"自寻死路",而是充分利用了"民族情感"和"价格策略"两张王牌,使得长虹彩电在众多围困中成功突围,获得了大量订单,市场占有率一路飙升,稳居国内彩电市场第一品牌的位置。

正是敢于竞争,倪润峰才取得了让人满意的成绩。如果倪润峰当初也像国内其他彩电厂家一样妥协退让,那么又怎么能有长虹霸气独占市场第一品牌的那一天?

同倪润峰一样,杨澜也是一个敢于竞争的人。她在那篇名为《搏一搏才有机会》的文章里说道:"每个成功都是困境的开始,人要想着怎样走出困境,人要想做独特的自己,就不要太容易受伤,脸皮要厚点。有时,人并不喜欢自己工作的环境,环境给人相当大的压迫感。这时,你一方面要寻求突破;另一方面,心里要清楚自己要的是什么。"

马云更是一个敢于亮剑、敢于竞争的企业家。1997年,马云为了扩展中国黄页的业务,来到北京寻找商机,他先是在媒体上发表了一些文章,为中国黄页造势,又召开了几场新闻发布会,可惜,效果都不明显。

这个时候,北京的互联网迅速发展了起来,有实力、有背景的公司相继涌入,竞争很快白热化起来。马云自知没有实力跟这些公司竞争。所以,他思虑再三,决定以退为进,退回根据地杭州继续谋划发展。

但事实并不像马云想的那样简单,等马云回到杭州后发现,杭州互联网企业也蓬勃发展起来,其中杭州电信发展十分迅猛,布局很大,业务多元。针对中国黄页,杭州电信做了一个与中国电信名字很相近的网页,这使得中国黄页变得更加被动。

形势逼人,一时间马云压力山大。为了走出困境,马云想出各种办法,但由于对方资金雄厚,还有政府背景,一个民营企业很难与之竞争。因此,在对方的百般阻击下,马云的诸多措施所起到的效应并不大。

在没有办法的情况下,马云决定和杭州电信合作,将中国黄页并入杭州电信。杭州电信占股70%,中国黄页占股30%,马云失去了话语权。

马云感觉十分压抑,万般无奈,他决定辞职,离开中国黄页。离开自己亲手创建的公司,对于马云来说,做出这个决定异常难受,但又有什么办法呢?

随后,马云接受了外经贸部的邀请,再次带着愿意跟他闯荡的几个伙伴北上,加入了外经贸部。在外经贸部,马云也干得并不顺心,他的理念跟政府官员的不同,但又不能按着自己的意见行事。所以,在干了一年多以后,马云决定辞职再次创业。

马云之所以决定辞去在外经贸部的职位,主要是因为他发觉中国的网络形势正在发生新的变化,所以他决定再次融入互联网的改革大潮中。

经过企业并购和政府部门任职生涯,马云变得更加沉稳,也更加睿智,这对他以后的创业生涯有着莫大的好处。

在离开外经贸部不到两年的时间里,马云创建了阿里巴巴,建立起电子商务平台。马云的伟大梦想终于找到了出口,从此一发不可收拾。

回想起这些,马云曾深有感触地说道:"就像武侠小说里所描写的,一个有资质的人才总会在一次又一次的比武中得到一些非同寻常的顿悟,进而功力大增。"所以说,人被狠狠PK过,才会有出息。

创业就不要怕打击、怕失败、怕对手,因为打击、失败和对手是随时都会来的。只有经过磨砺,才能更锋利;只有勇于冲进风雨,才能学会坚强。

马云这样告诉创业者:"与同行竞争不要害怕失败。就像下棋一样,要有一种开放的心态,输了无所谓,可以从新再来。""竞争者是你的磨刀石,把你越磨越快,越磨越亮。造就一个优秀的企业,并不是要打败所有的对手,而是形成自身独特的竞争力优势,建立自己的团队、机制和文化。"

进攻者，永远都有机会

战争中的双方，谁先主动出手，谁通常就能站于主动地位，后出手的一方，往往陷于被动。正如《汉书》中所言："先发制人，后发制于人。"生意场中也是一样，谁率先出手，谁就能抢先占领市场，后出手的常常陷于被动，很难后来居上。

《亮剑》是近些年国产电视剧中颇吸人眼球的战争题材电视剧，剧中主人公李云龙是个有着江湖豪气的高级将领。战争中他秉承着狭路相逢勇者胜的精神指挥战斗，打得敌人落花流水，丢盔弃甲，损兵折将，打出了中国军人的豪气。

李云龙遇到强敌，不怯懦，不退缩，而是勇于进攻，敢于拼命，从心理上、气势上压倒敌人，使貌似强大的敌人感到胆怯，历次以弱胜强，以寡胜多，转败为胜。

同剧中李云龙具有竞争特质一样，马云也是个喜欢并擅长进攻的人。在国内很少有人知道互联网是个什么东西时，他就进入了这个行业，创建了互联网公司中国黄页和阿里巴巴。中国黄页创建不久，国企中国电信也随之进入互联网行业。面对实力远超自己的大国企，马云丝毫不畏惧，反而率领团队积极同对手展开竞争，虽然最终没有击败对手，但也没有被对手击败，也算创下一个生存奇迹。

为了更好地挖掘中国互联网行业潜力，马云创建了阿里巴巴，开启中国电子商务业务。在电子商务发展进入困难时期，他创建了淘宝网，成功开拓了新模式。为了和Google竞争，马云决定和雅虎联盟，开启主动进攻模式。

对于生意场中的攻防，马云坚持认为"进攻者，永远都有机会"。他说："一个竞争对手攻击你，你可以设法避开，但是如果有很多竞争对手攻击你，你就很难保证不受伤，与其狼狈躲避，不如选择主动出击。"

进攻是王道。马云和阿里巴巴经常处于生意场和舆论的风口浪尖上，但马云从不惧怕挑战，在竞争中，他往往会选择先发制人，占领先机。

eBay易趣网、淘宝网和一拍网是中国网拍市场最初形成时的三大势力，三方龙争虎斗，鏖战不休。其中，淘宝网是后起之秀，但在马云的统帅指挥下，气势旺盛，战eBay，斗一拍，一番番较量之后，淘宝网很快居于市场第二的地位。

较量中，每一方都千方百计努力扩大自己的势力和地盘，都想成为市场老大。2005年，阿里巴巴和新浪网就一拍网股份一事达成协议，根据协议，新浪将手中的33%的一拍网股份全部转让给阿里巴巴。之后，雅虎中国并入阿里巴巴，雅虎也将一拍网其余股份全部转让给了阿里巴巴。这样，一拍网所有股份全部转到了阿里巴巴手里，阿里巴巴成为一拍网的新主人。

人们纷纷猜测阿里巴巴将会对一拍网进行改革，但出乎人们的意料，马云却将一拍网给关闭了。马云的这一举措让eBay措手不及，本来三家公司纷争，突然之间，变成了两家公司对决。eBay一时之间没有反应过来。

在之后的竞争中，马云带领团队频出新招，淘宝网的本地优势得到了淋漓尽致的发挥，而eBay则疏于防御，反抗无力，市场份额不断被"蚕食"，最后被淘宝网逼到市场一隅无力反抗，eBay只能悲叹失败的命运。

eBay是全球最大的商务公司，资源丰富，实力雄厚，却败于新秀淘宝网。究其原因，马云的主动出击固然起了重大作用，但eBay疏于防护和错误行径也给淘宝完胜制造了机会。对此，马云说：

"竞争者是杀不掉的,他们一定是自己杀掉自己的。环境会杀掉他们,产业的变化会杀掉他们,自负会杀掉他们,看不起自己会杀掉他们,自己踩错点更会杀掉他们。所以,我认为最大的对手还是自己。"

如果早起的鸟儿没有吃到虫子,就会被别的鸟吃掉。竞争就是如此无情和激烈,选择率先出手,主动攻击,总要比无谓的等待更有希望成功。在进攻中,弥补不足,完善行径,则会使进攻变得更加有实际意义。

创业者不能畏首畏尾,遇到机会,要勇敢上前紧紧抓住,丝毫的犹豫都可能让机遇擦肩而过。没有机会时,不要抱怨,怨天怨地都没有用,要努力创造条件,制造机会。只要不放弃,不做无谓的等待,积极进攻,一定会让成功更持久,离梦想也会更近一步。

小虾米一定要有个鲨鱼梦

志当存高远。在一定程度上,一个人取得多大的成就与他的志向有着十分紧密的关系。高远的志向会增强人的信心,激发人的潜力,让人在失败面前依然怀揣梦想,并坚定地走下去,最终取得成功。

高远的志向等同于野心。经济学家熊彼特在《企业家的精神》中说道:"一个人如果要成为企业家,就必须不断创新、创新、再创新。而创新来自不停地进取,进取心则来自野心。野心让人冒险,冒险带来创新。"

美国《时代》杂志加拿大版曾经刊文提到,美国加利福尼亚大学的心理学家迪安·斯曼特经研究发现,"野心"是人类行为的驱动力,人类通过野心，可以有力量攫取更多的资源。

下面是一个有关野心的故事：

一位法国大富豪死前留下一份遗嘱，上面写着：在我以一个富人的身份进入天堂之前，我把如何成为富人的秘诀留下，无论是谁猜出"穷人最缺少的是什么"的答案，都将会获得我留在银行私人保险箱内的100万法郎。

遗嘱刊登出去之后，很多人纷纷参与进来。一份份答案如雪花般袭来。几万份答案五花八门，有的人说穷人缺少的自然是金钱，要不也不能叫穷人；有的人说穷人最缺少的是技能；还有的人说穷人最缺少的是帮助、显赫的家世；等等。

在这个富翁离世一周年的纪念日当天，他的律师和代理人在公证部门的监督下，打开了他在银行内的私人保险箱，公布了富翁遗留问题的答案。答案是：穷人最缺少的是成为富人的野心。

在所有寄来的答案中，只有一个年仅9岁的女孩的答案跟富翁的答案一致。

为什么只有这个年仅9岁的小女孩想到了穷人最缺少的是成为富人的野心？最后女孩说出了她的秘密："每次姐姐把她11岁的男朋友带回家时，都要反复告诫我说不要有野心！不要有野心！我由此认为野心可能能让人得到最想要的东西吧！"

做事一定要有野心，尽管你可能微不足道，诚如马云所言，小虾米一定要有个鲨鱼梦。

1985年底，联想集团的前身——中国中科院计算所公司的20多名员工通过自己的辛苦赚取了一百多万人民币，这些钱在当时算是一笔巨款。按照相关规定，这些钱一部分可以作为奖金发给参与工作的员工。就当时的情况来说，这笔不菲的奖金是相当有诱惑力的。联想的创业者们就这笔钱的分配特意开了一次会，会上很多人主张将奖金分配到户，少部分支持暂时不动，先存起来。柳传志始终没有发言，直到最后没人再说时，他站了起来，意味深长地说道："首先，这笔钱是大家辛辛苦苦赚回来的，所以一定要慎重处理。其次，我想问大家，我们办公司的目的是什么？难道仅仅是为了改善生活吗？我们还想不想得到长远的发展？我们的'汉卡'靠什么去开发、推广？"

大家很快明白了柳传志的心思。在这次会议上，柳传志第一次明确提出了更远大的志向。正是在此激励下，联想集团才一步步走向未来，走向辉煌。

无须赘言，马云是个有野心的人，他认为拥有野心、梦想和激情，并能永不放弃，那么就一定会成功。做一家世界级公司是马云的梦想，他说："奋斗的动力是什么？不是财富。我是商业公司，对钱很喜欢，但我用不了，我不攒钱，我没有多少钱。从大的方面说，我真的就想做一家大的世界级公司，我看到中国没有一家企业进入500强，于是我就想做一家。"

阿里巴巴已经有了很大名气后，马云去日本参观访问，他参观了一家叫拓扳的百年企业。他问这家企业的老板，去年公司盈利多少。"220亿。"这家企业的老板告诉他。马云随即说："220亿日元？""不，是220亿美元。"企业的老板纠正道。这下震惊了马云，220亿美元，那是多么庞大的财富，相比较那时的阿里巴巴不知要强出多少。

这件事给了马云非常大的感触，他感到汗颜："今天我们说赚了1000万、2000万，我觉得丢脸。"为此，他把眼光放得更远，"我要让阿里巴巴进入世界互联网前三强，进入世界500强，每年赚100亿美元。"这就是马云的野心。

无野心，不成功。1999年，50万元起家的阿里巴巴，历经十几年的商海杀伐，至2015年10月，阿里巴巴集团第二财季营收为221.71亿元人民币（约合34.88亿美元），虽然离马云年赚100亿美元的梦想还有一段不小的距离，但是已经前进了一大步，梦想不再遥不可及。

第5堂课
一定要明白自己在做什么

> **马云微语录**
>
> 明白自己有什么,明白自己要什么,明白自己该放弃什么。

有竞争有合作才有发展

竞争应该是良性的、包容的,不见得与对手就一定要兵戎相见,就要一味打击,"伤敌一万,自损八千"的道理是谁都知晓的。既有竞争又有合作才能引导行业良性发展。洛克菲勒说过:"合作,在那些妄自尊大的人眼里,它或许是件软弱或可耻的事情,但在我看来,合作永远是聪明的选择,前提是只要对我有利。"

Beta是台湾地区录像机市场的两大系统之一,另外一个主流系统是JVC公司的VHS系统。Beta隶属于台湾新力公司。新力公司在发明了Beta后,梦想依靠Beta垄断录像机市场,不给对手发展的机会。因此它坚持不肯将技术同对手分享。

新力公司的垄断行为短时间内确实给它带来了巨大利润，让它赚得盆满钵满。但一时处于竞争下风的JVC公司决心开发出新的更高级的系统，以打破新力公司的垄断。

JVC公司以公开技术的方式寻求和其他公司合作，世界上一些有实力的公司纷纷找上门来寻求合作。很快JVC公司迅速建立起一支庞大的技术队伍。由于采用的是公开技术的方式，世界上使用VHS系统的公司越来越多，新力公司慢慢处于被孤立的状态，处于下风。

新力公司也非常清楚自己窘迫的处境，这时，如果它和一些公司合作，会将损失降到最低，绝不至于到不可收拾的地步。但是，它依旧不肯合作，并决心和JVC公司抗争到底。它把大量的资金投入到广告中，以求扩大影响。

尽管新力公司的产品品质也很好，但是，消费者已经习惯使用JVC公司的产品。所以，新力公司的举措没有收到任何效果，最后只好决定放弃自身品牌，加入到对手阵营。

新力公司的这种竞争就属于不良竞争，不良竞争带来的往往是两败俱伤，既不利人也不利己。在全球经济越来越一体化的今天，越来越多的企业更愿意采取与对手合作的方式谋求共同发展。通过合作，双方不仅可以共同分担产品开发的成本与风险，获取规模经济效益，还能共享资源与人才。这样就可以更快地向市场推出更具有竞争力的产品，也能与更具实力的对手抗争。

通用汽车和福特汽车，日立电器和松下电器，通用汽车和丰田汽车，既是市场上的对手，同时又是合作伙伴，一起开发新产品，一起合作开拓市场。

没有竞争，就没有进步，因此马云喜欢竞争，他更喜欢与强者竞争，因为与强者竞争会让他找到差距，取得更大的进步。

马云虽然喜欢竞争，也敢于竞争，但并不代表他不与对手合作。2006年，当淘宝和eBay的竞争正甚嚣尘上的时候，一则消息让关注两者斗争的人瞠目结舌，消息称雅虎和eBay将建立为期数年的战略合作伙伴关系。

要知道，阿里巴巴当时已经掌控雅虎中国，同时雅虎又以10亿美元持有阿里巴巴40%的股份。这则消息让人们纷纷猜测淘宝和eBay的竞争是否会有新的重大变化。

在各种议论横飞的时候，马云接受《上海证券报》的采访，他表示雅虎中国已经是一个独立的经济实体，美国雅虎与eBay的合作不会影响到淘宝，而且雅虎只不过是阿里巴巴的一个投资者，决策权依旧还在阿里巴巴手里。

事实上，马云还促成了雅虎与eBay的联盟，在合作中马云扮演了牵线搭桥的重要角色。

在马云看来，竞争中有合作是市场发展的一个趋势，他希望在继美国出现这样的先例后，中国市场也会出现合作共赢，他说："淘宝与易趣，淘宝与百度，淘宝与Google，都存在这种可能性。"

正如马云所说：

"商场不是战场，商场上是对手不是敌人，商场上没有永久的对手也没有永久的朋友。走向竞争合作的产业才是走向成熟的表现。只有一个成熟的产业才能诞生一批成熟的企业。阿里巴巴有责任推进这样的进程。"

加盟是合作的一种方式，它可以提升自己，让自己在原先的基础上更上一层楼。2005年，淘宝网与搜狐结成战略同盟关系，双方共享各自的用户群体，实现优势互补。

淘宝网与搜狐的合作可以说是双赢的。对于搜狐来说，可以借助淘宝网的品牌优势和技术优势丰富自己的网站内容，为用户提供更多的服务。而对于淘宝网来说，可以借助搜狐的网络平台，吸引搜狐的注册用户来注册淘宝，增加交易量。马云曾这样说："淘宝网看好搜狐在门户领域的领先优势以及强劲布局。"

现代社会发生了很大的变化，不但是社会大环境有了变化，就是创业时所需要的资金、技术、人力、物力、市场等很多东西也发生了变化，只知道竞争，单枪匹马去闯天下，不知道合作，已经行不通了，成功的概率也会变小。

总之，企业需要竞争，需要对手，才能生存，才能发展。在竞争的同时，更需要与人的合作，这样才能发展得更好。正如马云所说："我们需要对手，对手死了，你一定活不好。"所以，一定需要有一个对手，那样才会发展得越来越好。

创业是企业的开始，是企业的起跑阶段，同样也需要竞争合作，才能更好地生存，更好地发展。只有竞争，没有合作，企业不会发展得长久，也不会发展得多好。

要学会与不喜欢的人共事

人是感性动物，喜欢按照自己的感觉行事。喜欢的事就愿意做，不喜欢的事就少做或者不做；喜欢的人就愿意接触，多接触，不喜欢的人就少接触或者干脆不接触。但很多时候，很多事情却不会按照你的意愿出现和发展，所以要学会改变，学会适应。

哈蒙在著名的耶鲁大学就读，顺利毕业后，他又来到德国佛莱堡研习了3年，之后回国，去找美国西部矿业主哈斯托，希望得到哈斯托的聘用。

哈斯托脾气执拗，注重实践，他非常不喜欢满脑子理论的学者式人物。因此，他一听说哈蒙来自耶鲁大学，又在佛莱堡做过研究，就直接对哈蒙说：

"我不喜欢和满脑子装满一大堆傻子理论的人打交道，因此我不准备聘用你，你从哪儿来，就回哪儿去吧。"

哈蒙马上明白了怎么处理此事，他装出胆怯的样子，对哈斯托说："如果你不把我的话对我父亲讲，我可以给你讲实话。"哈斯托毫不犹豫地答应了。哈蒙便说道："实际上，我在耶鲁大学和佛莱堡什么都没学到，我只顾工作，学经验，挣钱了。"

哈斯托听后哈哈大笑起来，随即说："很好，我需要你这样的，你被聘用了。"

尽管哈蒙也不喜欢简单粗暴的哈斯托，但他清楚知道如果不讨得哈斯托的"欢心"，是不可能进入西部矿业工作的，所以，他降低姿态，讨得哈斯托欢心，最终成功获取了工作。

同大部分人一样，马云也是一个很感性的人，也喜欢凭借感性做人做事。但同时，马云又是一个很理智的人，他知道完全凭感性做事是不正确的，也是行不通的。他曾向《赢在中国》的一个选手坦言，他也不愿意与不喜欢的人相处，但是为了大局，为了实现梦想，他会选择与自己不喜欢的人和睦相处，合作共事。他这样说道：

"我和你一样，不愿意和不喜欢的人交往，但是对于客户，哪怕你很不喜欢他，你也要尊重他，不要把客户当白痴。客户不喜欢你，一定有他的原因和理由。对于同事也一样，很多人因为不喜欢某个同事就不愿意跟他一起工作，你不喜欢他，可以不跟他做朋友，但一定要成为同事。"

马云是现实的，为了圆自己的梦，圆阿里巴巴的梦，他努力改变自己，让感性越来越遵从理性，从而让自己和阿里巴巴的圆梦之路走得更顺畅。

创业过程中难免要与形形色色的人打交道，其中肯定会有自己不喜欢的人。如果不喜欢对方就不与对方打交道，就不合作，圆梦的路势必会越来越窄，越来越难走。马云曾说："作为创业者，最重要的是通过跟人打交道，通过团队协作才能拿到自己的成果。"所以，一定要学会与不喜欢的人合作共事，努力拓宽前行的路。

要理性决策，勿感性做事

很多时候，感性害死人。巨人集团的创始人史玉柱第一次创业失败就是因为他遵从感性做事。

在公司有了一些规模后，史玉柱决定兴建巨人大厦。原先打算兴建18层，后来决定兴建70层，投资金额也由原先的2亿元增加到12亿元。这个决策完全是史玉柱凭个人感觉做出来的。

在资金筹措方面,史玉柱是这样计划的:自己筹措三分之一,卖楼筹措三分之一,剩下的三分之一向银行贷款。在还没有向银行咨询贷款的情况下,兴建工作就大张旗鼓地开始了。在大厦由54层加高到64层时,史玉柱决策的依据只是设计单位的一句"由54层加到64层对下面的基础影响不大"。

在考虑是否由64层加高到70层时,史玉柱又一次凭感觉做出决策。在施工过程中,施工单位发现巨人大厦处在三条断裂带上,为了保证地基牢固,大厦的支柱必须穿越四五十米的沙土而达到岩石层,再打进岩石层30米。这样一来,投入比预算多出了3000多万元,而且工期也延长了10个月。

当70层的地基打完时,卖楼的钱已经用尽。史玉柱只好向银行申请贷款,但银行拒绝提供大额贷款。史玉柱只好从集团的生物工程部抽调资金。他先后从生物工程部抽调了6000万元资金,严重影响了生物工程的正常运作,使其严重萎缩,最终被迫一度停产。巨人大厦也由于后续资金不到位而不得不停工,一场危机将巨人集团淹没。

可以说,巨人集团的这次危机就是领导者史玉柱凭感性做事的结果。这件事让史玉柱深受教训,从这件事发生以后,他做事低调了许多,也理智了许多。

马云是个性情中人,也喜欢凭感性做事,这可以从他上学时讲义气帮助同学打架的事上看得出来。但同时,他更是个凭理性做事的人。比如他虽然不愿意与不喜欢的人合作共事,但是为了圆自己的创业梦,圆阿里巴巴的梦,他遵从理智和不喜欢的人和睦相处,合作共事。

马云的创业看上去似乎很感性,因为自己喜欢,即使所有人反对,也坚持不改初衷。但实际上,马云对此有很理智的考虑,他这样说道:"当时我在学校里接触的都是书本上的知识,很想到实践中辨明是非真假。所以,我打算花10年工夫创办一家公司,再回学校教书,把全面的东西再传授给我的学生。"

马云没有把创业看成是一件简单的事,这可以从他把创业的时间定为10年看得出来,如果完全是凭感性,他会把创业的时间定为3~5年。

马云选择做电子商务也是理智决策。当时,国内互联网市场已经逐渐成熟,许多互联网公司纷纷成立。在参加各种商贸会的时候,马云经常听到一些欧美商人谈论他们的电子商务。马云逐渐了解到电子商务是怎么一回事,他觉得亚洲也应当有自己的电子商务模式,于是他决定做这方面的尝试。

成立阿里巴巴后,马云决定只做中小企业的生意,用马云自己的话说,就是"只抓虾米"。虾米虽小,但是如果多了,同样可以成事。"中小企业好比沙滩上的一颗颗小石子,通过互联网可以把这些石子全部粘起来,用混凝土粘起来的石子威力无穷,可以和大石头抗衡。"

就是凭借这样的认识,马云确定了自己要做的事业是什么,也坚信自己要做的这件事是正确的,所以他开始了行动。后来的事实证明了马云的决策是极其正确的。

"我们不能祈求于灵感。灵感说来就来,说去就去,就像段誉的六脉神剑一样。"马云这样告诫创业者。决策还是要靠理性,灵感这东西不靠谱。

感性和理性是相对的,但不代表两者不能融合在一起。生活和工作中,如果仅仅是一些小事,不妨凭感性做决断;但如果事关重要决策,还是要依靠理性做决定,这样才能最大程度保证做出的决策更科学、更合理,也才能更靠近成功。

让更多的人参与到竞争中来

日本北海道盛产一种味道极为鲜美的鳗鱼。很多人都喜欢吃鳗鱼，但鳗鱼一离开深海很容易死去，味道就会变差。为了能卖个好价钱，渔民想尽办法让离开深水的鳗鱼活下来，但效果都不明显。

只有一个老渔民成功做到了让离开深海的鳗鱼活蹦乱跳地生存下来，他捕捞的鳗鱼总是能卖个好价钱。其他渔民想尽办法希望老渔民告诉他们让鳗鱼存活的秘诀，但老渔民始终守口如瓶，只字不透。

老渔民直至临终前，才道出了其中的秘密。秘密出人意料的简单，就是在捕捞上来的鳗鱼中放入几条狗鱼。狗鱼和鳗鱼是死对头。当几条狗鱼被放入鳗鱼中间时，狗鱼会四处乱窜，由此激起鳗鱼的斗志，开始对狗鱼围追堵截，生命力也变得十分旺盛。

是对手让趋于死亡的鳗鱼成功存活下来，可见有对手是多么重要，这是自然界的生存法则。生活中，这个生存法则同样适用，只有竞争才能带来希望，带来进步。

马云认为："在一个行业里，一枝独秀是不行的，也是危险的。只有三足鼎立才能使一个行业发展起来，至少做大三家，这个行业才有钱赚。"

实际上，更多、更好的竞争对手参与进来，不但能够让竞争变得快乐，而且也是企业生存和发展的需要。

阿里巴巴将建立强大的生态系统和竞争系统定为自己的一个重大目

标，此举就是为了让更多的人参与竞争，也是为了让竞争者变得更强。"如果我们的竞争对手都死了，那我们也一定活不长。看到竞争的时候，市场会很大；看不到竞争的时候，市场就崩溃了。"马云就是站在这一层面来看待和审视竞争的。

淘宝网是马云下大力气推出的产品，他想让淘宝网成为一家伟大的公司，而要想成为一家伟大的公司，就需要更多的竞争者。在马云看来，淘宝还有很多方面不是很好，比如，客户的消费体验不够好，产品的内需和内销不够规模。不好就需要不断完善，完善则需要在竞争中实现，因此马云欢迎竞争。

阿里旺旺是"阿里七剑"之一，是仅次于QQ的第二大在线SAAS平台。相对于QQ，阿里旺旺有自己的产品特性，也有自己的客户群。对于阿里旺旺和QQ的竞争，马云坦言没想去超越，"到了人家的家里，千万别把人家的饭碗给砸了。饭是要大家一起吃的，我们希望QQ做得更好，而且它确实做得不错。"

虽然这样说，但竞争是不争的事实。在明里暗里的比拼中，阿里旺旺在进步，QQ也在完善，这就是马云希望看到的结果。

马云希望能从竞争对手那里学到知识和创新。他研究竞争对手，如果发现他们在百分百抄袭自己，他会断言这样的竞争对手一定会死；如果有一些很好的改革在里面，马云就会很快学以致用，提升自己。

马云虽然希望有更多的对手参与到竞争中来，但是他不愿意跟那些不承担社会责任的企业竞争，他希望阿里巴巴能打造出新的商业文明。

马云将电子商务看成是一项投资行为，而不是投机行为；他并不是希望人们都来用阿里巴巴，而是希望大家都来用互联网和电子商务。因为挣钱一直以来就不是他的最大目标，对他来说，钱挣得再多也没有任何意义。他的目的是圆梦，圆一个帮助创业者的梦，他把这个梦想看成是阿里巴巴和自己的职责与使命，一切的行为都是围绕这个中心展开的。

马云认为，竞争非但不是痛苦的，反而是快乐的，"竞争是极其快乐的活动，如果你觉得竞争让你越来越累，那你就错了。竞争是让对手很累，你是很快乐的。"

有竞争才有进步，因此，创业者一定不要害怕竞争，相反还要欢迎竞争，在竞争中磨炼自己，提高自己，让梦想走得更远。

第6堂课
以乐观心态面对各种残酷

> **马云微语录**
>
> 我觉得创业更是一种生活方式的选择,你选择做什么样的人,就意味着你选择了什么样的生活方式。一旦你选择了这种生活方式,你就不该有任何后悔和畏缩。

创业要考虑面对困难和失败

N年前,一个年轻人高考失利,于是步入社会。他去几十家用人单位应聘,但都被拒绝了。他又和同学去报考警察学校,结果在入围面试的5个人中,他成了唯一被淘汰的那个。他想是不是自己有些好高骛远,于是决定从基层做起。于是,他和表弟去应聘五星级宾馆的服务员,结果表弟被录取了,而他又遭到了淘汰。

之后,他又去应聘肯德基服务员,23个人参加了面试,结果22个人通过,1个人被淘汰,而他就是被淘汰的人。

这个倒霉的年轻人就是马云。这是他第二次高考失利后遭遇的事情。在应聘工作频遭碰壁之后,不甘心失败的马云又参加了第三次高考。这次高考马云终于考上了大学。大学毕业后，马云被分配到杭州电子工业大学教书。在教师岗位，马云兢兢业业执教5年。5年后，马云辞职离校，开始真正的创业。

这是马云创业之前的经历，开始创业后，从创建海博翻译社，到创建中国黄页，再到阿里巴巴，马云的创业之路波波折折，困难重重，充满了艰辛和失败。马云曾深有感触地说："对所有创业者来说，永远告诉自己一句话：从创业的第一天起，你每天要面对的是困难和失败，而不是成功。你最困难的时候还没有到，但有一天肯定会到。困难不能躲避，不能让别人替你去扛。任何困难都必须自己去面对。创业者就要面对困难。"

《赢在中国》是中央电视台财经频道的一档全国性商战真人秀节目。马云非常欣赏这个节目中一个名叫潘诚的人气选手，在他看来，潘诚的创业经历跟他的创业经历有类似的地方。

潘诚大学毕业后，没有去学校分配的信息产业研究所上班，而是选择去深圳闯荡。在深圳，他开始在一家外资企业当技术员，后来又跳槽去了另一家公司上班。两年后，他辞去了还算高薪的工作，去广州和一个朋友合伙开了家工厂，生产电子产品。

在第一次创业中，潘诚体味到了艰辛和不易。没有钱买车票，就走路回家；没有钱买盒饭，就买包方便面泡着吃。就这样，潘诚坚持了8个月。最后，因合伙人见无利可图卷起他俩的钱跑路，潘诚创业失败。

第二年，潘诚又和大学同学一起开了家电子元器代理公司，由于各种原因，创业也很快失败了。无奈之下，潘诚只身前往香港，重新开始打工。这一干就是4年。4年期间，潘诚的创业梦想一天也没有停歇过。4年后的一天，潘诚又一次辞去了工作，从香港又回到了广州，和一个朋友合伙开了家工程公司。工程公司不仅需要技术和资金，也需要很好的人际关系来维持，后者不是潘诚所擅长的。因此，即使这个公司的利润还过得去，潘诚还是毅然将它卖掉，又成立了一家电子产品公司。

这次创业还算顺利，潘诚做了一家公司产品的全国总代理。由于这家公司的产品还算畅销，潘诚赚到了一些钱。这家公司对消费者越来越了解，在这个基础上，这家公司单方面终止了和潘诚公司的合作，致使潘诚公司陷入困境，潘诚无奈之下关闭了公司。

第二年，潘诚又成立了广州铭视数码科技有限公司，经过几年的辛勤耕耘，公司发展顺利，成为集研发、生产、销售于一体的多功能企业，并且获取了巨大利润，至此，潘诚的创业终于成功了。

从潘诚的创业经历中，我们看出了创业的艰辛和无奈，充满了困难和挑战，这也是马云想要告诉我们的。他说："创业的过程是痛苦的，你要不断地克服一个又一个困难，才能获得更大的成功。"

创业就要面对困难，就是与困难、挫折、失败为伍。正是因为创业之路崎岖难走，创业成功的人才少之又少。但是只要梦想之火不熄，前行的脚步不停，总有一天能到达梦想之境。

任何困难都必须自己面对

三只蛤蟆不小心掉进了一个鲜奶桶里。

一只蛤蟆说："这是神的旨意。"于是，它盘起后腿，合上眼睛。鲜奶淹没了它。

一只蛤蟆说:"这桶太深了,我没有能力跳出去。"于是,它放松了身体,很快鲜奶淹没了它。

第三只蛤蟆说:"情况不是很好啊,我的前腿不能动了,不过幸运的是,我的后腿还能动,我还是有希望逃出这里的。"于是,它不停地蹬后腿。尝试多次之后,它终于跳出了鲜奶桶。

由此可见,心态在一定程度上决定了结果。

天下没有随随便便的成功,风雨过后才能见彩虹。创业之路必然磕磕绊绊,充满坎坷和竞争,因此创业一定要有一个好的心态。

马云说自己追求的不是成功,而是一种经历,一种创业的感觉。他希望自己以敢于面对失败,敢于面对挫折的心态去创业,这样,越创业,心里就越踏实。

马云创建中国黄页的时候,曾经遭遇过一次严重的打击。在中国黄页处境艰难的时候,来自深圳的5个生意人找到马云,表示希望做中国黄页在深圳的总代理,并一次性出资20万元作为合作资金。

20万元对当时的马云,对当时处境维艰的中国黄页来说,意义都非常大,因此马云几乎没有多想,就答应了对方的合作要求,爽快地将公司模式、技术支持和运作流程和盘托出。这5个深圳生意人表示没有弄明白,马云又马上安排技术人员去深圳,昼夜不停地为其建立系统,最终成功地为其装好系统。

这5个深圳生意人通知马云3天后前往杭州签合作合同,诚实的马云信以为真,就老老实实在杭州等着。

在翘首等待了3天后,这五个人音信皆无。马云派人去催,却得知这5个人刚刚开过新闻发布会,拿出来的东西与中国黄页设计的一模一样,此时马云才知道上当受骗了。

这件事给了马云一个沉重的打击,"当时真受不了,但我还是把它扛了下来。"马云说道。马云果真把这枚苦果独自吃了下去。他认为责任在己,而不在人。"吃一堑长一智,权当是一个沉痛的教训吧。"马云安慰自己。

创业者要有一个好心态,要有面对逆境和困难时不服输、不怕输的强者心态,要敢于竞争,勇于竞争,有问题积极面对,有困难自己扛,积极进取,力求突破,这样才能经受失败,迎来胜利。

困难的时候用左手温暖右手

在一次讲话中,马云讲道:"没有人是完美的,社会也不可能完美,因为社会是由所有不完美的人组成的。你的职责就是比别人多勤奋一点儿,多努力一点儿,多有一点儿理想,世界才会好起来,我就是这么走过来的。之所以能走到今天,唯一的理由是我比同龄人更加乐观,更加会找乐子,更加懂得用左手温暖右手,相信明天会更好。"

网上有这样一个段子:

小狗问妈妈:"妈妈,幸福在哪里呀?"妈妈告诉小狗,幸福就在它的尾巴上。于是,想找幸福的小狗努力想咬住自己的尾巴,可是怎么也咬不到。小狗哭着去找妈妈。妈妈笑着告诉它,只要它一直往前走,幸福就会一直跟着它。

实际上,生活就是这样,只要你一直往前走,幸福就会一直跟着前行,所以要以乐观的态度面对生活,在困难来临的时候,要学会自我安慰,告诉自己希望就在前行不远处。

马云进入杭州电子工业学院教书时,院长要求他五年之内不准离开岗位,否则以后师范学院的学生就永远进不了大学教书了。思想活跃的马云自然不想老老实实地教书育人,他有更为远大的抱负,但考虑到对师范学院的影响,他还是答应了院长的要求。

杭州电子工业学院是一所以理工科为主的高等院校。当时,外语、商务贸易等学科师资力量缺乏,马云的加盟正好弥补了这一欠缺。

不在其位不谋其职,反之,在其位就要某其职。由于马云不仅擅长英语,而且对国际贸易也有一定的研究,所以,他便成了英语和国际贸易专业的讲师。

马云精力旺盛,除了担任英语和国际贸易讲师外,他还去杭州的一些夜校兼职做讲师,由此结识了一些做外贸生意的老板,不但丰富了自己的国际贸易知识,也为日后的创业拓展了人脉。

马云擅长演讲,课讲得非常精彩,所以每逢他的课,可以说座无虚席,有时连走廊上都站着听课的学生。对此,马云很是骄傲,他曾狂傲地说:"我研究过李阳的疯狂外语,要是我加入进来,风头会盖过他,我的秘籍是真能叫人脱口讲外语。"

马云没有在讲大话,他的学生中,原先一直不敢开口、口语很差的学生,后来都敢开口说英语了,而且还十分娴熟,令人不得不服。

在学院教书的日子虽然不是马云最想要的生活,但是他没有抱怨,而是安然享受那段日子。那段日子使他沉淀了心性,拓展了人脉,也算别有收获。

困难的时候用左手温暖右手,是一种心态,更是一种处世的智慧,马云显然拥有这种智慧。在学院教书的工资普遍不高，老师往往都住在学校提供的宿舍里，而马云却出人意料地买下离学校不远的一所房子。他不是在被动地接受生活，而是在努力改变现状，改善生活。

后来，在大多数人都能买得起那样的房子时，马云却将房子卖了，在另外的一个地方又买了一套大房子，这个地方就是后来阿里巴巴的创业基地——湖畔花园。

在离开学院后，马云投入了创业大军。创业过程中，马云不管遇到了哪些问题，遭遇了哪些挫折，他都乐观面对，正如他所说，他之所以能走到今天，唯一的理由是他比同龄人更加乐观，更加会找乐子，更加懂得用左手温暖右手，相信明天会更好。

不管前路多崎岖，我们都要乐观面对，笑对挫折，这是一种强者心态。只有做到了这一点，才能让我们不念过往，无惧未来，大踏步走下去，成为攀登高峰的勇士。

要坚信自己能渡过难关

苹果公司是当今成功的IT公司，创始人乔布斯是个赫赫有名的IT人才。他20岁开始创业，勇于改革，不断创新，在他的带领下，苹果公司不断发展壮大，后来发展成最有实力和潜力的大公司。

但让人意想不到的事情发生了：30岁的时候，乔布斯居然被自己一手创建的公司开除了。一时间，乔布斯变得一无所有，兢兢业业10年，却换来一无所有，乔布斯十分沮丧，事后他回忆起当时的情形，非常心痛：

"曾经是我整个成年阶段生活重心的东西一夜之间就不见了，令我愕然，我一时走投无路。随后几个月，我实在不知道要干什么好，我成了公众一个非常负面的示范，我甚至想要离开硅谷。"

最终乔布斯并没有选择离开，因为他不甘心就此退出舞台，他相信自己能渡过难关。于是他振作精神，在之后的几年时间里，又另开了两家IT公司。其中一家公司制做出了世界上第一部完全由电脑制作的动画电影《玩具总动员》。之后不久，这家公司被乔布斯之前的公司，也就是苹果公司买下了。乔布斯辗转几年后，又回到了倾注他心血的苹果公司。

值得一提的是，乔布斯后来创建的一家公司发展的技术成了苹果电脑后来复兴的核心技术。就这样，乔布斯在遭受挫折后，通过自己的努力，重新又取得了辉煌。

面对困难和挫折时，放弃是很容易做到的，坚持走下去却需要一定的勇气和毅力。这个时候，坚信自己能扛下去，能渡过难关，显得尤为重要，将成为支撑自己走下去的精神支柱。

经历过创业的波波折折，马云自然对这个问题有发言权，他曾感言："最重要的是不能放弃，从挫折中站起来是需要花很大力气的，要记住，英雄在失败中体现，真正的将军在撤退中体现。"马云不畏惧挫折和失败，坚信自己能战胜一切。

阿里巴巴创建于1999年，刚成立的那几年，由于没有找到合适的盈利模式，不但没有赚到什么钱，反而还要背负巨大的运营费用。但马云相信自己的选择，同时也自信能带领阿里巴巴渡过难关，一直走下去。

两年后，即2001年，世界性的经济危机悄然发生，互联网行业出现泡沫，大量的公司一夜之间纷纷倒闭，就连一些老牌公司，比如新浪、网易，也陷入了运营困难的窘境。

光脚的不怕穿鞋的，面对困境，马云丝毫没有畏难情绪，他相信自己能扛过寒冬。2002年，经济危机越发严重，马云将阿里巴巴当年的发展主题确定为"活着"，他发表演讲，希望阿里巴巴员工团结协作，相信自己一定能扛过寒冬。在马云及其团队的协调指挥下，当年年底，阿里巴巴实现了盈利。

连新浪、网易都害怕的寒冬，马云却坚信自己一定能行，"成功并不是因为你比别人更聪明，比别人付出更多的努力，关键在于你要坚信自己能做成功。"就是在这样自信满满之下，马云无惧困难，带领阿里巴巴一路披荆斩棘，渡过难关，走向一个又一个胜利。

马云非常欣赏两句话，一句是丘吉尔对遭受重创的英国民众说的"Never never never give up！"（永不放弃！）另一句就是："满怀信心地上路，远胜过到达目的地。"

开弓没有回头箭，既然选择了创业这条路，就要相信自己能打败挫折，战胜困难，即使失败了，还可以重新再来。事情往往是，只要不死，总有希望，相信自己能行，也就行了。

第7堂课
善于竞争与敢于竞争同等重要

> **马云微语录**
> 把别人的时间、精力、资源当作自己的去做，才能做好。

好风凭借力，送我上青天

在创业阶段能得到贵人的扶持是让人欣喜的，但这些贵人通常不会自己主动找上门来，需要你付出一些代价，或者制造一些机缘，才能促成这段"传奇"。

众所周知，只要你付得起美元，你就可以和有世界"股神"之称的巴菲特共进晚餐，并可以聆听其几个小时的投资指津。虽然这顿晚餐真的价值不菲，需要花上百万美元，但还是有很多人愿意花这些钱，目的就是亲耳聆听股神的教诲。

在他们看来，这顿堪称世界上最昂贵的晚餐是超值的，毕竟有世界"股神"之称的巴菲特不是一般人，他"言传身教"的价值可能远超这顿知名晚宴所付出的代价。

阿里巴巴能够坚持走到今天，并取得巨大的成功，与阿里巴巴的投资者有紧密的关系。在众多阿里巴巴的股东中，孙正义绝对算得上是举足轻重者。与孙正义的结识和合作是马云创业过程的一段重要经历，它是阿里巴巴腾飞的重要一步。

孙正义是互联网业大亨级人物，被誉为"日本的比尔·盖茨"，他一手创建了一个由他支持扶助的高科技产业帝国，他投资了雅虎、阿里巴巴、当当网、盛大、网易、携程旅游等知名网站，聚拢了大量财富。43岁时，他成为亚洲首富，总资产高达3兆日元。

2000年10月，马云的一位合作者给马云发来一封邮件，邮件上称有个人想和马云见上一面，并说这个人对马云一定有用。这个人实际上就是孙正义。

马云应约前往。这次应邀前往的不止马云一人，还有其他一些企业代表。由于代表人数众多，孙正义只给每个企业代表20分钟时间阐述公司的状况和要求。

轮到马云时，他站起来，开始了对阿里巴巴的介绍。孙正义听得很认真。在马云讲了6分钟的时候，孙正义打断了他，直接问马云需要多少钱。马云回答说不缺钱。

马云的回答出乎孙正义的意料。在他多年的投资生涯中，不向他要钱的企业还真不多。

但正是这种反常的回答引起了孙正义的兴趣，他问马云："既然你不缺钱，你来找我干什么？"马云的这次回答更绝："又不是我要找你，是人家叫我来见你的。"

孙正义的兴趣更浓起来，他决定和马云深入交谈一下，于是诚恳地邀请马云去日本和他详谈。马云没多做思考，爽快地应约了。

孙正义和马云交谈了多次，对马云和阿里巴巴有了深入的了解。2000

年底，孙正义决定向阿里巴巴投资3000万美元。

在2000年，3000万美元绝对算得上是一笔巨额财富，对于一个发展中的企业来说，意义非比寻常。知道这个消息的人都说，马云交上了好运，阿里巴巴交上了好运。

意料之外的事再次发生了，马云嫌钱太多了，他对孙正义在国内的助手说："我们只要足够多的钱——2000万美元，太多的钱会坏事。"随后，马云又向孙正义解释了此事。孙正义接受了他投资生涯中最大的一次让步。

2001年1月，软银和阿里巴巴正式签订合同，阿里巴巴接受软银2000万美元的投资，以扩展其在全球的业务，同时在日本和韩国建立合资企业。

正是在软银的帮助下，阿里巴巴开始进入全面发展阶段。3年后，2004年2月17日，孙正义再次向阿里巴巴注资8200万美元。在得到这笔投资后，马云领导阿里巴巴开始大举进军C2C市场，同时掀起了与eBay的正面交锋。

2005年，阿里巴巴和雅虎结成战略联盟，收购雅虎中国的全部资产，并获得10亿美元的战略投资。

孙正义可以说是马云的贵人，阿里巴巴的贵人。正是在其帮助下，马云能够酣畅淋漓地大展拳脚，领导阿里巴巴加速发展。马云曾深有感触地说：

"我很荣幸有缘与孙正义先生握手。若是没有这次握手，阿里巴巴和淘宝网的事业不会像今天这样顺利，尤其是在我收购雅虎中国的行动中。"

实际上，不但阿里巴巴在发展的过程中需要投资，很多大企业，特别是民营企业都免不了这一重要环节。熟知的互联网企业，如新浪、腾讯、京东、58同城、携程等，在发展中都需要融资以助发展。

企业在发展过程中，如果能得到外界的帮助，必然会增强企业抗市场风险的能力，加快企业的发展速度，但外力毕竟是外力，起主要作用的还是自身，这一点要清楚。因此对外力，有则用之，无则忘之。

开启一种新模式相当于成功

俗话说："一招鲜，吃遍天。"这句俗语强调了独特在经济市场中的意义。

事实上，在商业竞争中做到独特确实非常重要。众所周知，熟悉的地方没有景色。因此，商业竞争就不要按套路出牌，就要与众不同，才能另辟蹊径，才能带来成功。

现代商业中流传着这样一个广为人知的故事：

在一次全国酒类博览会上，一家名不见经传的酒业公司被众多知名酒业公司所淹没。

虽然，这家名不见经传的酒业公司所带来参展的产品是运用传统工艺精心酿制的佳品，但由于没有名气，产品包装和广告宣传也因资金有限不尽如人意，所以在热热闹闹的现场无人问津。

眼看博览会就快结束了，这家酒业公司的参展领导非常着急，却没有任何办法。

这时，该酒业公司的销售经理灵机一动，他对公司领导低语了几句，然后快速取了两瓶公司参展的白酒向大厅走去。当走到大厅时，这名销售经理"不小心"滑倒，手中的两瓶白酒落在地上，应声而碎，很快一股浓郁的酒香四溢开来。

博览会的人都被吸引了过来。参加博览会的人都是酒类方面的专家，当时很多人就从这些飘散的酒香中判断出该酒的不凡来。就这样，这家名不见经传的白酒开启了广阔的市场。

显然，这家酒业公司销售经理"独特"的推销方式使得这家公司的产品得以成功打开市场。可以想象一下，在当时的情况下，如果以正常的行为方式是难以在众多的强手中脱颖而出的，只有出奇招，才能出奇效。

不走寻常路，才能成为非凡人。互联网企业是个需要创新的行业，Google能达到超乎人们期望的高度就是因为它们的创新，它们的与众不同。同样，雅虎这个全球最大的门户网站也是自己创新出来的。

马云更是一个不走寻常路、不按常理出招的人，这也是使得阿里巴巴异军突起、备受瞩目的重要原因。与众不同的行事作风可以从马云的"武侠做法"中窥探一二。马云有很深的武侠情怀，武侠作家金庸是他的偶像。阿里巴巴集团内部随处可见以金庸武侠书中圣地命名的地方。阿里巴巴所属的七大业务部门也被马云称之为"阿里七剑"。这些命名恰好体现了马云的与众不同。

2006年，阿里巴巴旗下的淘宝网和阿里妈妈网两家公司合并，新公司采用淘宝旗号。阿里二剑合一，是马云独具匠心的一个新招，他讲道：

"面对全球电子商务未来发展的巨大机遇，为了给客户以更好的购物体验，大淘宝战略将在淘宝网的基础上超越自己，只有走非常规的发展战略，只有打造出世界独特的商业模式，我们才有可能实现我们定下的'淘宝十年交易量超越沃尔玛全球交易量'的目标。"

阿里妈妈和淘宝网的双剑合璧，让马云的C2C之梦不再仅仅停留在中国，而是立足中国，放眼世界。正是由于这一新招，才造就了后来淘宝网独霸C2C舞台的傲人局面。

支付宝也是马云的一个创新。淘宝网成功后，交易成了难题。由于诚信体系尚未建成，所以客观上需要一个"第三方"来做交易"桥梁"。支付宝作为"第三方担保"圆满地解决了这个问题。

在马云看来，创新不是设计出来的，而是被逼出来的。他说："创新绝对不是提前设计好，按图索骥地一步步走下来。创新没有理论，也没有公式，就是一个个地解决问题。我相信，天下有1000个问题，就会有1000个回答。"

虽然马云强调自己的创新是被一步步"逼"出来的，但是他并不否定主动创新，反而极力主张要主动创新。这可以从他在《赢在中国》节目中对一位选手所做的点评中看出来，点评是这样的：

"一个项目、一个想法如果不够独特的话，是很难吸引人的。你这个项目竞争会很大，而且我还感觉，你讲的东西从项目到计划，到你刚才讲话的所有逻辑，我找不出错误的东西，那就一定是错误的，这是我的想法，回去想想。"

项目独特才吸引人，说明要创新。马云认为做生意，就一定要做到独特，亦步亦趋，永远跟在别人后面是做生意的忌讳。"不创新自己，阿里巴巴就会消亡",马云如是说。

马云曾说:"与众不同不是我做出来的,而是我的本能。"从这句话中,可以看出马云与众不同的行事风格和傲视群雄的气魄。他非常欣赏美国石油大亨洛克菲勒的一句话:"要想成功,就要开辟出新路,而不要沿着过去的老路走。"

无论是从无到有,还是变大变强,创新一直伴随着马云。可以说,马云从未停止过创新,因为他清楚地知道,不创新的结果只能是被淘汰出局。

总之,与众不同为创业所需,创业者要想创业成功,坚守住自己的梦想,就不能固守老旧方法,一定要打破羁绊,独辟蹊径。

当你成功地开启一种全新的创业模式的时候,你就领先于对手,你就掌控了市场,你就会在竞争中占据主动,占据优势,成功也就会离你越来越近。

借名人效应制造吸引力

名人效应是指名人的出现所达成的引人注意、强化事物、扩大影响的效应。无论国内还是国外,名人效应已经在生活中的方方面面产生了深远影响。

很多企业正是看中了这一点,才不惜重金聘请名人为自己做广告,制造吸引力。

有这样一则关于名人效应的笑话。一个图书出版商有一批积压的图书销售不出去,每天看着库房里堆积如山的书,出版商愁眉苦脸,十分犯愁。一天，他的一个朋友给他出了一个他认为不错的主意。这个朋友让他给总统送一本书，让总统提提意见。

依朋友的主意，出版商拿着一本书前往总统住处，请求面见总统。总统接待了他。可总统没有时间看书，随便翻了翻，随口说了一句："还不错！"

回来后，出版商大做广告，宣传这是一本连总统都说不错的书。很快，这批书卖光了。总统知道后，很是不满。一段时间后，出版商又拿着另外一本书去给总统看，这次总统说："这本书糟糕透了！"

出版商马上又打出广告，说这是一本让总统感到糟糕透了的书，很快这批书又卖光了。又过了一段时间，出版商又拿着一本书去见总统。有了上两次教训，这次总统不发一言，不作任何评论。

谁知道，出版商回来之后，竟然大肆宣传这是一本连总统都不知道作何评论的书，自然，这样的宣传又一次大获成功，书被抢购一空。

这个笑话虽然可信度有待"考究"，但确实突出说明了名人效应的重大作用。

马云自然知晓名人效应给企业带来的推动力，他也曾借助名人效应为己造势，吸引公众注意力。

2000年的时候，互联网行业出现泡沫危机，马云想集合众人之力找出互联网下一步的发展方向，为此，他准备邀请IT界知名人士举办一场"西湖论剑"。

"西湖论剑"带有交锋的意味，它是马云从金庸武侠小说中获得的灵感。马云的本意是邀请IT界大佬来到西子湖畔，共同商谈国内互联网行业的发展。

马云准备邀请新浪网总裁兼CEO王志东、搜狐董事局主席兼CEO张朝阳、网易CEO丁磊等来参加此次"西湖论剑"。

有一个现实问题摆在马云面前，当时的阿里巴巴名不见经传，马云在业内也谈不上有多大名气，那么问题就来了，如何能够顺利邀请到这些IT界人士前来呢？

马云想到的解决办法是请一位名人来主持这场"西湖论剑"，借助名人效应扩大这场"西湖论剑"的号召力和影响力。

一提到请名人主持，马云想到的最合适的人选就是金庸，而且认为这位名人主持非金庸莫属。

首先，马云是金庸的粉丝，对金庸非常之崇拜。其次，举办"西湖论剑"的灵感来自金庸的小说。另外，还有一点也很重要，那就是金庸的名气够大，有无数的粉丝，足以吸引公众的注意力，也能引起IT界大佬的兴趣。

基于这几点因素，马云才决定请金庸出山主持这次"西湖论剑"。在这之前，马云曾和偶像金庸有过一面之缘，当时两人有一见如故的感觉，交谈甚欢。金庸还写了幅字送给马云，字是：神交已久，一见如故。

有了这份机缘，马云才有信心请得动金庸出山主持。意料之中，面对马云的盛情邀请，金庸欣然答应，马云高兴万分。

有了金庸这块金字招牌，马云策划的"西湖论剑"号召力大增，一时间吸引了很多人关注，上百家媒体齐聚杭州西湖，最后成功吸引来新浪总裁王志东、搜狐董事局主席张朝阳、网易CEO丁磊、my8848网董事长王峻涛等IT界知名人士。

2000年9月10日，一个天高云淡的日子，众多IT界知名人士在美丽的西子湖畔以"新千年、新经济、新网侠"为主题，展开了精彩的讨论。

就是因为借助了金庸这块金字招牌，马云才能够与业内大佬们坐在一起"论剑"，阿里巴巴也才引起世人的关注。

创业在没有成功前，往往籍籍无名。如果能够抓住机会，借助名人来为自己做宣传，吸引关注，那么就相当于获得了一份绝佳的助力，会大大促进企业的发展。

先做好、做强，再做大

　　李靖和张魁是高中同学，高考后，两人考上了不同的院校，之后就各自奔前程，再也没有了联系，直至几年前参加一个高中同学的婚礼，两人才又见了面。

　　婚礼上，两人聊了聊各自的状况。李靖大学毕业后，先是在一家外企工作，几年后，辞职，下海创业，现在已经是几家4S店的老板。张魁的经历与李靖类似，他也是先上班，然后创业，现在是一家中等规模公司的老板。

　　比较李靖和张魁的现状，显然李靖的成就比较大，买了好车、豪宅，有很多存款。张魁虽然也是个老板，但经济情况远远不如李靖。正因为这样，张魁心里很不爽。他决定也扩大规模，开几个连锁店。

　　为了凑够开连锁店的钱，张魁一狠心将自己的住房抵押给银行，从银行贷了一笔款，然后找门脸、装修、招人，分店终于开张了，张魁既紧张又兴奋。

　　忙碌了几个月后，张魁发现因经验不足，资金链不顺畅，再加上管理制度不完善等原因，分店很难再维持下去，不得不关闭了分店。

　　李靖在知道了张魁的情况后，特地从外地赶来看望张魁。他把自己创业的情况讲给张魁听，希望能帮助到老同学。

通过李靖的述说，张魁才知道开分店不是那么容易的事，需要很多辅助因素。如果不具备成熟的辅助因素，还不如经营好一家店。

有些时候，店在精而不在多。店少，则可以汇集力量，经营出特色，树立起品牌。当然，如果基础夯结实了，辅助因素也具备了，开更多的分店也未尝不可。

《赢在中国》第一赛季有位叫周宇的参赛选手，他创业9年了，有几家女性社区连锁店。他的理想是多开一些连锁店。作为节目评委的马云问周宇：

"9年下来你的这个公司盈利状况怎样？"

周宇回答："450万元左右。"

马云又问："那前年呢？"

周宇答："前年400万元左右。"

马云说道："那么，我想给你的建议是，你以后要少开店、开好店，店不在多而在精……从运营管理的角度看，少开店、开好店，有一天你才能开更多的店，一个接着一个开。上次我给一个选手提议少开店、开好店，跟现在给你的建议一样，别急着做大。做好、做强自然会变大，如果迅速做大，会掉到陷阱里面去的。"

正所谓欲速则不达，盲目扩大，只会分散自己的力量和精力，进而拖垮自己。

正常的创业是一个企业逐渐变大、变强的过程，而不是陡然变大的过程。如果条件不成熟就陡然变化，会患上消化不良症。

对于创业者来说，重大策略的制订关系到企业日后的生存发展，所以在制订企业发展策略时，一定要慎之又慎。

企业的生存发展，正确的顺序应当是：先是求生存，然后才能求发展。只有成功生存下来了，发展才会得到机会。如果生存都是问题，那何谈发展呢？

做大、做强，然后再做大，是企业发展的良性过程，也是企业参与市场良性竞争的必然途径，不要企图走捷径。只有按照这个途径发展，才能够在激烈的市场竞争中生存下来，并不断发展下去。

第三篇
谈人生价值：建立自我，追求忘我

马云说：

在做任何事情之前，大家都看到，只有忘我，才能追求自我。我的今天，我觉得这八个字，我好像还可以：建立自我，反正别人说我好也好、坏也好，就是这么一个人；追求忘我，别人不管骂我、表扬我，我觉得阿里巴巴这个名字属于阿里巴巴，不属于我。

赚的钱去哪了

打工者把赚来的钱用来还自己房子的房贷。

创业者把赚来的钱用来交创业基地的房租,可能有时连做梦都在为房租而发愁。

过年发红包

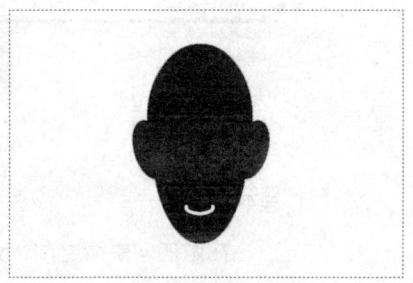

打工者过年一领到红包,心里就会乐开花。

创业者一到过年,就会为发出去的红包而愁肠。

全年假期

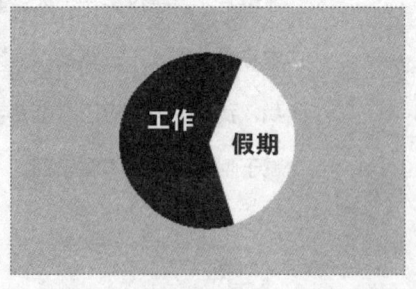

打工者的假期很充足,可以劳逸结合,做到工作、生活两不误。

创业者的字典里就没有"假期"这个词。

第8堂课
建立自我，再追求忘我

马云微语录
我们只有把自己放低，将来才能跳得更高。

做自己是人生的一种境界

什么是"建立自我"呢？就是在任何情况下，都要坚持自己的想法，做真实的自己，做自己喜欢的事，肯定自我，绝不动摇，对自己始终充满信心。

建立自我，看起来似乎没什么，就是做自我，但事实上远非如此简单。历史上，真正做到了建立自我的人并不是很多，富兰克林是这些人中的代表。

1706年，富兰克林出生于美国波士顿一个清贫家庭。他没有接受过全面完整的教育，12岁起在印刷所当学徒、帮工。在掌握印刷技术之余，他广泛阅读文学、历史、哲学方面的著作，自学数学和4门外语，还潜心练习写作。这使他在短时间内获得了大量有用的知识，为他在一生中取得多方面的成就打下了坚实的基础。

为了立足于当时的社会，他千方百计创办了自己的企业——印刷所。他讲求信誉，注重经营管理，不仅很快在竞争激烈的印刷行业中站住了脚，而且把业务扩大到邻近几个州和西印度群岛，成为北美洲印刷出版行业中的佼佼者。

1730年，他接办了宾州公报，其间，他所著的《穷理查历书》一纸风行，成为除《圣经》外畅销的杰作。

富兰克林曾经立下一个志愿，那就是不管多么困难，付出多大代价，都要努力做对公众有益的事情。从1748年开始，他开展了多个有益公众的项目，比如建立图书馆、教育机构、爱心医院等，他身体力行着自己要做有益公众之事的誓言。他对公共事业的热心和实际行动，很快赢得了当地人民对他的高度认可和信任。

富兰克林的这种"坚持做自己，坚持做自己喜欢的事"的品质在很多成功人士身上都能体现出来。

一次，马云、牛根生、郭广昌等一批商界大佬前往香港拜见华人商圈神奇大哥李嘉诚。马云等人向李嘉诚讨教成功之道。李嘉诚只说了八个字：建立自我，追求忘我。

马云非常认可"建立自我，追求忘我"。他认为这八个字代表了人生的一种境界。做自己，一贯是马云的风格，"建立自我，反正说我好也好，说我坏也好，我就是这么一个人。"马云就是这样一个有着自己的主见，并坚定走下去、百折不回的人。

1984年，马云勉强考入杭州师范学院（现杭州师范大学）外语系。说勉强，是因为马云的高考分数是专科分数，离本科录取分数还差5分。幸运的是，当时杭州师范学院本科外语系没招满人，于是降低了录取分数线，马云幸运地被录取到本科。

大学毕业后，马云被招聘到杭州电子工业学院教英语。他不甘心一辈子当一名教书匠，他有更高的人生追求。1991年，他和朋友成立海博翻译社，准备在翻译方面一展身手。一帆风顺的创业是很少见的，翻译社运营没多久就陷入困境。当时，翻译社一个月的利润为200元左右，但房租就得700元。

翻译社很多人都动摇了，但马云意志坚定，决心走下去。为了养活翻译社，他一个人背着大麻袋去卖鲜花，卖衣服，卖书，卖小饰品，而且一干就是两年。两年下来，马云不仅养活了翻译社，还使翻译社扭亏为盈，如今海博翻译社已经成为杭州大型的翻译社。

在养活翻译社的同时，马云还组织了英语角，并且他还是全院课程较多的老师。

"我当时认为一定会有需求，应该能成功。"马云如是说。

马云不在乎别人怎么看待自己，只在乎自己怎么看待这个世界，如何按照既定梦想一步一步往前走。马云就是这样沿着自己认定的路坚定走下去。

创业者要有建立自我的雄心壮志，才能充满动力，才能坚守信念，才能在困苦环境中，不改初衷，想尽办法应对困苦，直至实现梦想。

只有忘我，才能更好地追求自我

富兰克林在取得事业成功之后，没有停止不前，反而戒骄戒躁，继续前进，由此成就了更辉煌的自我。

在独立战争期间，富兰克林出使法国，争取法国的支持。最终他凭借出色的工作能力和人格魅力，赢得了法国人民对美国人民的同情与支持，为国家的独立战争做出了不朽的功勋。

1787年，美国制宪会议一开始，宾夕法尼亚代表团提议由华盛顿担任大会主席，最终这个提议获得一致同意。提议华盛顿当会议主席的人正是富兰克林。当时的富兰克林德高望重，是可以与华盛顿竞争主席的人选。此等让位于人的胸襟绝非一般人所具备，可见富兰克林的"忘我"精神。

1790年，富兰克林与世长辞，他的一生是为民众、为国家、为科学奉献的一生。依照他的要求，在他的墓碑上只简单刻着"富兰克林，印刷工人"几个字。

富兰克林的一生是"建立自我，追求忘我"的真正写照，值得所有努力上进者景仰。

马云对"建立自我，追求忘我"有着独特而深刻的理解。《赢在中国》是中央电视台财经频道的一档全国性商战真人秀节目，2006年、2007年、2008年共举办三届。在第一赛季晋级赛第三场，马云点评参赛选手陈洁时，说了这样一番话：

"从直觉上讲，我信任你，作为投资者，我愿意把钱给你。你明白自己要什么，这很实在，我觉得投资者就需要实在。但是对于你的商业模式，我确实没有听得很清楚，最后给你一个建议：建立自我，追求忘我。你必须忘掉自己，上一个公司是因为什么原因让你离开，可能是利益。创业过程中一定要把自己的利益抛开。"

马云告诉陈洁的创业建议是"忘掉自己"。马云为什么这么说？因为只有忘掉自己，才能更好地追求自我，这是马云在事业上的至高追求。他认为，一个人要想取得真正的成功，就要以一种忘我的精神，将自己完全地"奉献"出去，开拓进取，这样才能更好地追求自我，实现人生价值。

在第一次员工会议上，马云说："我许诺的是没有工资，没有房子，只有地铺，只有一天12小时的苦活。大家住在离办公室步行5分钟就能到的地方，这样方便做事。"这是马云要求员工忘我投入到创业的热情和激情中去。而员工们也确实做到了"忘我"，每天都会有人早来一会儿，晚走一会儿，每天经常工作十几个小时，加班成了家常便饭。这样"忘我"的做法得到了巨大回报，阿里巴巴终于成了互联网电商行业的领头羊。

真正做到忘我其实是很难的，一方面是要付出巨大的牺牲和努力，另一方面还要有一种"看轻"自我的精神。2007年8月，马云在湖畔学院讲话中说道：

"在做任何事情之前，大家都看到，只有忘我，才能追求自我。我的今天，我觉得这8个字，我好像可以：建立自我，反正别人说我好也好，坏也好，就是这么一个人；追求忘我，别人不管骂我、表扬我，我觉得阿里巴巴这个名字属于阿里巴巴，不属于我。"

"阿里巴巴这个名字属于阿里巴巴，不属于我。"这就是马云的"忘我"。以阿里巴巴现有的成绩和地位，马云能够说出这样的话，足见他的境界。

现在流行一句话：凡事不要自己设限。在对梦想的追求中，要做到突破自我界限，追求无我、忘我，如果能做到"忘我"，将自己完全"奉献"出去，那么就能更好地追求自我，实现梦想，走向成功。

诚信是你巨大的财富

诚信是各项美德之首，做人做事都要讲究诚信。经济学家亚当·斯密曾说："商人本来最怕失去信用。他总是时刻小心翼翼地按照契约履行所承担的义务……"就做生意而言，如果不讲究诚信，凭欺骗和耍小聪明可能会一时得利，但长久下去必然自砸招牌。

一条街上有两家相距不远的鞋店——甲店和乙店。附近的人买鞋基本上都去这两家店。为了拉拢客人，两家鞋店想尽了办法，出尽了奇招。

甲店新进了一批款式新颖的鞋子，摆在显眼的位置促销，很多用户前往购买，乙店的客户也被吸引了过去。乙店老板十分着急，于是将店里的鞋进行打折售卖，争取了一些回头客。

甲店老板看乙店打折促销，也降低了价格，其价格比乙店还要低。乙店急了，马上又下调了价格，两家鞋店一降再降，最后都在赔本赚吆喝了，但为了击垮对方，两家谁也不肯停下来，最终乙店因资金短缺关了门。

在价格战中胜出的甲店，现在是这条街上唯一的鞋店了。本应生意好起来，但出人意料的是生意不仅没有以前好，反而愈发冷清，这是怎么回事呢？原来在两家竞争中，甲店为了降低成本，进了一批外表完好而内里面很差的鞋子冒充好鞋出售。顾客买回之后，没穿多久，鞋子就开胶烂底了。甲店失去了信誉，顾客就再也不去光顾了。

甲店目光短浅并且不讲诚信，最终引火上身，自砸招牌，毁掉了自己。

建立自我的一个非常重要的前提就是诚信。没有诚信谈不上建立自我，更谈不上追求忘我。

1988年，24岁的马云从杭州师范学院毕业。毕业后被分配到杭州电子工业学院教书。由于那个时候，师范院校毕业生很少能直接进入大学里教书，马云算是个特例，大约在1990年，杭州电子工业学院的校长对马云说："马云，你5年内不许出来。因为我们学校的毕业生都是去中学教书，如果你出来，以后师范学院的学生就永远进不了大学教书了。"

当时马云的工资是每个月92块钱，钱很少，要坚守这个承诺是有一定压力的，但是马云还是答应5年内不出来。之后，深圳有家公司邀请马云加盟，答应一个月给马云1200块钱，但马云推辞了。

1993年到1994年，海南开始开发，马云的很多朋友都去了海南创业，马云也想去，但是他最终却没有去，因为5年的期限还没有到。当时有家海南公司向马云伸出了橄榄枝，希望马云去那里发展，马云也拒绝了。

在马云心中，承诺就是承诺，承诺了，就没有办法改变，就是熬也得熬过这五年，人必须要讲究诚信。因此一直到1995年，第六年的时候，马云才离开杭州电子工业学院，开始做自己想做的事。

在马云看来，一个创业者一定要有一批朋友，这批朋友要靠自己多年来诚信积累起来的，而且要越积越多，因此他说："一个创业者最最重要的，也是你最大的财富，就是你的诚信。"

在做生意和人际交往中，马云自始至终都秉承以诚待人的原则，他曾说："商界最重要的不是钱，而是信用。"他认为商业社会其实是个很复杂的社会，尽管很复杂，但是有一样东西可以让自己把握起来，那就是诚信。

"因为诚信，所以简单。越复杂的东西，越要讲究诚信。中国加入WTO最大的挑战就是诚信，企业做生意首先要建立的就是诚信，诚信是最大的财富。这是今天的企业，特别是中国企业要面临的问题。"

"我觉得通过电子商务信息交流之后发展交易一定要过诚信这个独木桥，没有诚信就什么都实现不了。小企业成功靠精明，中等企业成功靠管理，大企业成功靠诚信。"

通过这些话语，可以看出马云对诚信的推崇。为了保证诚信，2002年3月，马云推出了"诚信通"。

"诚信通"就是和信用管理公司合作，对客户进行信用认证。在双方进行交易前，可以去"诚信通"里面查阅对方的诚信记录，里面有企业的详细信息，有会员间的相互评价，这些记录，无论是好是坏，都是无法更改或者删除的。借助这些资料就可以大致确定对方的诚信度。这是对交易双方诚信的保障。

"诚信通"的作用可以通过两个事例体现出来，通用电气公司选择"诚信通"的商户作为其潜在供应商；零售商沃尔玛也选择阿里巴巴为合作伙伴。

阿里巴巴招聘人才有一个最基本的要求，那就是要讲究诚信，对于没有诚信的人，马云是零容忍。一次业务知识考试中，马云发现包括一个广东的区域经理在内的几个业务员的试卷答案一模一样，存在明显的作弊问题。马云没有丝毫犹豫，他立即下令开除了所有作弊者。

无论是做人还是做事，都要讲究诚信。失去了诚信，一定会失去很多东西，包括朋友和梦想。诚如马云所言："小聪明和欺骗是不可能将事业做长久的，甚至可能会因此走向毁灭。"

你的责任心决定了你的格局

《蜘蛛侠》里面有一句经典台词:"能力有多大,责任就有多大",这句台词告诉人们,责任心是非常重要的,是与能力相应的。能力大,应负的责任也要大。这与古人说的"达则兼济天下"的精神紧密相符。

谢英福是一位澳大利亚华裔企业家。他当初来到马来西亚时,口袋里只有5元钱,但就是依靠这5元钱,谢英福经过多年的拼搏取得了事业的成功,成了知名企业家。

有一年,马来西亚一家国营钢铁厂经营不善,亏损高达1.5亿元,濒临倒闭。马来西亚的首相马哈迪找到谢英福,恳切邀请他担任这家国营钢铁厂的总裁。面对马哈迪诚恳的表情,谢英福毫不犹豫地答应下来。

在别人看来,谢英福的行为是不折不扣的愚蠢之举。因为当时的那家国营钢铁厂无异于一个烫手的山芋,厂里的设备陈旧落后,员工人心涣散,而且还有着巨额外债。谁接手,谁都无能为力,谁就是个傻子。

但谢英福似乎就愿意做这样的傻子,他对媒体说:"当年我来马来西亚的时候,口袋里只有5元钱。这个国家令我成功,这儿的人民善待我,现在我认为我有责任回报他们。如果我失败了,那就等于损失了5元钱,没什么大不了的。"

当时的谢英福已经年近六旬了,但是他依然从舒服的别墅里搬出来,住进破败的厂房里。3年后，钢铁厂起死回生，扭亏为盈，当年就创造了巨大的利润。谢英福以他的能力和热情，更以他的责任心挽救了这家濒临倒闭的国营钢铁厂。此后，他的名声更大了。

谢英福的事迹让人感慨，做人有责任心是多么可贵。任何一个有社会责任感的企业家都应该效仿谢英福的行为。

马云一直非常注重企业家应负的社会责任。一次，他在演讲中讲道："人总是过高评价自己的能力，而忽视自己承担了多大的责任，舞台的大小，不是能力可以涵盖多少，而是自己愿意承担多少。"

这不是马云在唱高调，他一直认为，人必须要有所担当，即使在窘困的时候，也不能丧失责任感。只有具备一定的社会责任感，才能有勇气去面对困难，接受挑战，也才能将事业做得更好、更成功。

《赢在中国》第一季的冠军得主是一名叫宋文明的企业家。宋文明有一点非常让马云欣赏，那就是宋文明强烈的责任心。

宋文明大学毕业后，曾在校园听到魏超的演讲。听完后，他毅然和魏超回到安徽创业。两人创办了"合肥市长江批发市场"。多年以后，"合肥市长江批发市场"旗下新长江投资集团已经成为安徽民营企业的领头羊。

一次，宋文明和魏超去印度尼西亚，行程很紧张。宋文明认为行程本可以轻松些，于是就问魏超："为什么要把自己弄得那么累呢？"魏超回答道："我自己要用鞭子赶着自己走。"宋文明又想起魏超经常跟自己讲的话："做事情不能只追求眼前利益，要把事情做长久。"

宋文明有感于此，遂将创业当作一种责任。他认为，一个人成功了，赚钱了，并不算什么，重要的是要将更多的人带向成功。

宋文明参加比赛的项目是"普工培训"，核心就是培训安徽众多普通劳动力，将他们送上合适的技工位置，从而改变他们的命运。这是宋文明有社会责任心的表现。

在马云看来，企业家的责任非常重要，他曾说："我觉得我承担最重要的责任是创造优秀的服务、优质的产品，依法纳税，创造更多就业机会，能够让更多的人有工作、有生活，这样的社会才会更和谐。"

马云一直以来就是个责任心非常强的人，他不但有强烈的社会责任感，而且对股东、对客户、对员工、对家庭都有责任心。在阿里巴巴刚刚扭亏为盈，成为一个赚钱的企业后，马云曾说："以前没钱的时候，每花一分钱我们都认认真真考虑，现在我们有钱了，还是像没钱的时候一样花钱，因为我们今天花的钱是风险投资的钱，我们必须为他们负责任。"

创业绝不仅仅为了赚钱和个人成功，如果只把创业定位于此，那么结果可能是钱是赚到了，但成功不会来，至少不会有大的成功。

第9堂课
把自己的定位看清楚

马云微语录

我们必须看清自己,看清自己所面对的情况,这样我们才有可能生存、成长和发展。

人要明白自己是谁

人要时刻明白自己是谁,这一点非常重要。只有明白了自己是谁,才能很好地为自己定位,并把自己的定位看清楚,也才能更顺利地实现梦想。

武当山下有个年轻人喜欢散打,经常练习,后来觉得挺厉害了,就找人来比试。他把很多人都打败了,觉得自己无敌于四方了。于是就跑到北京,找到北京散打集训队的教练,说要与集训队的队员打一场。教练摇摇头,没有同意。但是越是不同意,这个自以为是的年轻人越要打。最后教练说,那好,就打一场吧。

结果,不到5分钟,这个高傲的年轻人就被打下来了。教练就跟他说,小伙子,你每天练2个小时,把练半个小时的人打败了,这很正常,但我这些队员每天都要练上10个小时，你怎么可能打得过他们。何况他们并没有真打你！

这是马云的一个教练朋友给马云讲的一个故事。故事哲理很明显，就是告诉人们，人贵有自知之明，要清楚自己是谁。要知人外有人，天外有天，做事需保持谦虚谨慎的态度。

马云名气大了以后，特别是2007年11月6日，阿里巴巴集团B2B在香港挂牌上市。他明显感觉人们看他的眼光发生了变化，媒体也跟着起哄，大家都在议论阿里巴巴如何如何厉害，马云如何如何牛气，一时间马云似乎成了上帝的宠儿。马云却保持着一颗平常心，心绪波澜不惊；他不断提醒自己要明白自己是谁，从哪里来。

在2015年阿里巴巴集团全体员工大会上，马云讲了阿里巴巴是一家怎样的公司，他说：

"阿里巴巴是一家小公司，如果我们将自己定位为一家跨国公司或一家非常厉害的公司，那我们的路就会越走越窄……

在别人眼中，我们很成功。为什么成功？因为我们比别人勤奋？我看不出来，虽然我们很勤奋，但这个世界上比我们勤奋的人很多。因为我们比别人聪明？我看未必。我们不勤奋，也不聪明，结果我们这些人都变成了富翁，是什么原因？因为我们的运气好，我们其实很傻。"

在马云看来，人一定要明白自己是谁，是什么原因让你成功。马云说，媒体上说某某太厉害了，某某公司太厉害了，很多时候都是假的。阿里巴巴创业成功，能走到今天，重要原因是有很好的模式、产业和团队。

马云把阿里巴巴的成功归结为三方面：一方面是得益于互联网这个行

业。没有互联网行业，就没有阿里巴巴人的颠覆性思考，是行业的高速成长造就了阿里巴巴；第二方面得益于国家经济的高速成长，这也是非常关键的；第三方面得益于阿里巴巴有一个非常棒的团队。对于能拥有一个非常棒的团队，马云一直引以为豪。

一直以来，马云都不认为自己学习成绩好，他引以为傲的一门课程是英文。他十多岁就跟老外学英文。在杭州，不管天气如何，他都会跑到西湖边找老外练习口语，这样坚持了8年之久，因此他的英文发音很好。

大学的时候，有一次英文考试，马云遭遇了滑铁卢，农村的孩子考了八九十分，而他只考了59分，这自然让狂傲的他难以忍受。他跑去找英文老师，说自己英文发音很准，为什么只给59分，这不公平。英文老师说，你发音很准，那你念一段听听。马云就念了一段。英文老师听后说确实不错，接着又说，还只能是59分，明年补考。马云没有办法，只得怏怏而回。

第二年补考，这一回考了60分。马云又跑去问老师。老师告诉他，因为你不知道自己是谁，太狂妄了，所以只能得这些分。

英文发音是马云擅长的一门功课，却成为他大学里通过补考才及格的功课。这给马云以极大的教育和启发，让他了解到明白自己是谁的重要性。多年来他一直很感谢这位老师。

阿里巴巴成功后，马云也成了世界名人。一次和美国前总统克林顿见面交谈，马云发现克林顿跟他讲话时，眼睛一直看着他。马云想：

"这么厉害的总统，跟你讲话的时候，眼睛会一直看着你。我们有些处长和局长，跟人讲话的时候，眼睛都是往上看的。他看着你的时候，你会觉得，伟大的人作为平凡人存在的时候才是伟大的。我再能干，在克林顿面前，在领导和治理国家上，我能算什么？所以，我要向他学习。还有比尔·盖茨对未来的畅想，巴菲特、索罗斯对投资的理念，这些人的思想都值得我好好学习。"

马云作为一个互联网大佬,在经济界有着很高的地位和影响力。但是,他却十分清醒地知道自身的不足,保持谦虚学习的态度,以求取得进步。

马云认为,任何企业,在别人看来很好的时候,往往就是灾难要来临的时候。人也是这样,发现问题的时候,往往就已经晚了。因此,人一定要明白自己是谁,才能更好地定位自己,才能为以后顺利实现自身价值打下坚实良好的基石。

要学会给自己清零

众所周知,李嘉诚没有接受过多少正规的学校教育,但他却是个知识很渊博的人。早年,他通过购买、交换旧书完成自学,有了条件后,他遍读除了小说之外的各类书籍,如历史、科技、哲学、宗教等书籍,这使他思维灵活、观点新颖。成为华人首富后,他依旧没有放弃学习,继续更新自己的知识库。

学习是没有尽头的,知识也是永远都学不完的。因此,无论你多"渊博",原则上你都需要学习,特别是在这个知识更新如此迅速的时代,学习更应是一种常态。

要想获得更多的知识,获得更好的学习效果,就要学会定期给自己清零,使自己保持"饥渴"的状态,随时随地都要学习,这样才能达到目的。马云在北大国际MBA毕业典礼上说了这样一句话:"忘掉你所学到的知识,转化为内在的能力,不断地更新知识,并且永远在最忙的时候去学习。"

在马云看来,大学毕业了,拿到了相应的文凭,但实际上生活才算刚刚开始。马云说:

"以前的考试全是模拟,真正的考试是在你们离开大学之后才开始的。在生活中、工作中,你碰到的是每天的考试,而这些考试是实战的考试。你们今天披上的衣服,拿到的文凭,我告诉大家,这可能都是假的,离开这个学校的时候,你才真正进入考场,真正进入人生的考场、社会的考场。

第二个给大家的建议是忘掉你所学到的知识,带着你忘不掉的东西上考场,还要不断补充它。"

马云曾对一个读MBA的同事说,如果毕业以后你能够忘了所学的东西,那说明你毕业了。如果你还天天想着所学的东西,那你就还没有毕业。学习MBA的知识,但要跳出MBA的局限。马云说,要成为优秀公司优秀的领导者,就要忘掉自己的强项。

"如果你天天记得之前的事情,那你是不会创新的。你把以前的经验搬到这里来,甚至拿做传统行业的经验来做互联网,失败的结果是可以预见的。做人做事都一样。"马云如是说。

很多人来阿里巴巴应聘,马云经常问他们:"你擅长的是什么?"这些应聘者常常说,自己擅长的是什么,是什么。马云就建议他们忘掉所学到的东西。"假如你忘掉了,说明那东西一定就不是你的,你忘不掉的才是你自己的东西。如果你没忘掉这些东西,这些永远是知识。"马云这样告诉应聘者。

2001年，阿里巴巴已经取得了收支平衡，会员数已经达到了100万，这个成绩说来已经很不错了，应该满意了，因为距离阿里巴巴创建才不到2年的时间。但是应该这样吗？

之后，马云跟索尼的老总、波音的老总以及微软的创始人比尔·盖茨见面交流，发现他们都有着令人折服的经营理念，这让马云大受触动，感觉到了差距，也明白了阿里巴巴当下所处的发展阶段和位置。

人只有学习，才能进步，只有更懂学习，才会进步更快。学会给自己清零，保持饥渴学习的态度，才会让你越来越充实，不断提升自身价值和能力，为自己的梦想实现"添砖加瓦"。

我们还是昨天的我们

人固然不能妄自菲薄，但也不要妄自尊大。人在得意时容易迷失自己，掉进欲望的泥潭，从而裹足不前，直至被各种欲望淹没。

2007年11月6日，阿里巴巴旗下B2B业务公司在香港成功挂牌上市，融资16.9亿美元。2014年9月19日，阿里巴巴以每股68美元的发行价在纽交所上市。

2005年，阿里巴巴继续高歌猛进，市值已经高达200亿美元，实际上，还不止这个数额，这还没有算上阿里巴巴庞大的现金储备，但单单这200亿市值就已经远超国内其他互联网公司。此外，当时国内从事电子商务的人才共约12000名，其中有8000人在阿里巴巴，可见阿里巴巴在国内电子商务中举足轻重的地位。

这个成绩让马云和阿里巴巴团队其他成员非常骄傲，因为他们没有向任何一家银行贷过款，也没有向国家要一分钱，他们完全是靠自己的力量取得了如此辉煌的成绩，所以他们感到骄傲和自豪。

200亿美元的市值没有让马云满足，更没有让他止步。"既然我们能从零做到200亿美元，那么从200亿美元做到1000亿美元，就应该更有把握。"让中国诞生一家市值超过1000亿美元的民营企业，让世界对中国肃然起敬，这是马云的目标，也是马云的梦想。对于这个远大的梦想，马云充满了信心。他认为电子商务在中国的发展还没有正式开始，整个电子商务的环境还没有建立起来，企业的发展空间和提升潜力是巨大的。

虽然马云对阿里巴巴今日的成绩感到满意，但是他依然保持清醒的认识。他认为阿里巴巴的股票实际上不值30多元，而只值13.5元，他说：

"做任何事都要有理性。在中国，比我们挣钱多、利润高的公司多得很，比如腾讯就比我们收入高、利润高，用户群也多，凭什么它只值100亿美元的市值，而我们却值200亿美元的市值？那是因为人们对我们的期望值太高了，大家把中国经济高速发展，互联网高速发展，电子商务高速发展的期望都寄托在我们身上了。"

马云认为阿里巴巴高股票值来源于人们对阿里巴巴过高的期望值，超出部分的股票值需要他们（阿里巴巴）努力来填充。鉴于处于这样的环境，马云告诫自己和阿里巴巴其他成员要认清自己，保持戒骄戒躁的作风，同时，要勇于承担责任，努力做好服务。

在一次内部讲话中，马云讲道：

"你没变,你还是你。阿里巴巴今年跟去年有什么区别?要我说,没区别,今年我们的股票值200亿美元,看起来很多,但实际上我们去年差不多也达到了这个数值。虽然我们今天是市值200亿美元的公司,我们的股票值三十多美元,但我们自己要知道自己到底值多少钱,我们还是昨天的我们。只不过我们的责任更大了,以前我们只对两三个股东负责,但是如今光香港本地,就有19万股民买我们的股票。"

在演讲最后,马云总结道:"千万不要觉得我们已经富裕了,也千万不要认为我们值200亿美元了,其实我们跟当年的万元户没有区别。"

在人生许多关键阶段,马云总是保持清醒的认识,戒骄戒躁,鞭策自己努力向前,才成功带领团队一步步从一个辉煌迈向另一个辉煌。

创业者要有马云的这种严于律己和求真务实的做事态度,才能够认清大环境,把握好现在,踏踏实实、稳稳当当走向未来。

不要在欲望中迷失自我

一个大学生毕业后,推去了安排好的工作,野心勃勃前往深圳淘金。在深圳这块寸土寸金的地方,他努力工作,精心耕耘。依靠政策扶持,再凭借自己的聪明才智,多年以后他有了自己的一个建筑公司。他没有就此放弃努力,而是精心经营自己的公司,不辞辛劳,不厌其烦,客户越来越多,公司规模越来越大,最后终于完成了由一个打工者到有钱老板的华丽转变。

有了钱以后,他有些得意,毕竟由一个打工者成为有钱的老板是少数人才能做到的。得意之余，他沾染上一些不好的社会习气，经常出入一些高档场所，吃喝玩乐，花天酒地。

由于公司建立了较为完善的管理制度，因此公司一有事，他就让副手去解决，自己只顾应酬。两年过后，公司效益开始下滑，业务出现了脱节。见惯了大风大浪的他认为困难是暂时的，不必过于紧张。公司资金周转不灵，他想办法从银行贷了2000万。在2000万资金的支撑下，公司又得以暂时正常运转。

2000万很快花完了，公司业务又陷于停顿，他又去银行贷款。由于公司效益明显下滑，银行也不肯贷款给他。没有办法，他只好去向熟人借钱。可是以前那些好朋友一听说借钱，都躲得远远的。无奈之下，他去借了高利贷，这样就走向了不归路。到了偿还期，他无力偿还，最后只好宣布破产，昔日一个规模宏大的公司就这样衰败了。

欲望是无处不在的，这名企业家之所以没有将自己的成功持续下去，就是被名利遮住了双眼，让心头的欲望迷住了心窍，最后亲手葬送了自己本美好的人生。

马云一贯淡泊名利，这与他能够管控自己的欲望有着紧密的联系。商业应酬中，马云可以说一贯高调，经常出席一些高档聚会，而且还经常发表演讲，但是如果不是工作和交际的需要，他周末会和朋友在家里打牌喝茶，从不抛头露面，博取关注度。

精彩的世界充满了各种诱惑，形形色色的尔虞我诈每天不断上演。面对这纷繁复杂的大千世界，要想不上当受骗，首先就要管住自己的贪欲，不给诱惑以可乘之机。

马云曾在《赢在中国》栏目中，对一位选手说："上当不是别人太狡猾，而是自己太贪，是因为自己才会上当。"

在阿里巴巴找投资的时候，软银总裁孙正义在跟马云聊过之后，决定投资阿里巴巴3000万美元。这是个庞大的数字，对于正需要钱开拓局面的阿里巴巴说，无异于雪中送炭，但最后马云却硬是拒绝这3000万美元的投资，坚持只要2000万美元投资。

原来孙正义投资3000万美元给阿里巴巴的一个前提条件是要占阿里巴巴30%的股份。马云和他的团队研究后认为，30%的股份过多，会造成股东结构不平衡，给阿里巴巴未来的发展造成障碍。

为了不给阿里巴巴未来的发展埋下隐患，马云拒绝了3000万美元的投资，坚持只要2000万美元的投资。马云将到手的钱推出去，让很多人感到不可思议。孙正义在中国的助手也无法理解此事。他说："这简直是一件不可思议的事，我们投资的钱，你竟然嫌多，你这是在赌博，这是无法谈下去的。"

马云发了一封电子邮件给孙正义，将情况说明。最终，孙正义遵从了马云的主张，并说："谢谢您给了我一次商业机会，我们一定会使阿里巴巴名扬世界的。"

在商圈，没有人不知道软银的实力，也没有人不知道孙正义的强势。但是马云却管控好了自己的贪欲，坚守自己的防线不动摇，孙正义只得让步。对于能让孙正义让步，阿里巴巴首席财政官蔡崇信说了这样一句话："这是孙正义投资经历中少有让步的一次。"

欲望之可怕，足以让人沉沦而永世不得翻身。叔本华说过："人生其实就是一团欲望，不满足就痛苦，满足了就无聊，人就在痛苦和无聊里徘徊。"

人如果管控不住自己的欲望，那么简单的骗局也能让你深陷其中，让你迷失自己。马云告诫创业者："骗别人的人一定有一天会倒霉，而要不上当就是让自己能扛得住诱惑，扛得住贪，因为贪会让你上当。"

总之，要想坚持梦想，让梦想变成现实，就要管制住自己的欲望，不要让不当的欲望变成自己成功路上的拦路虎和绊脚石，没有了各种不当欲望从中作梗，才能更好地向着既定目标迈进，直至达成梦想。

第10堂课
先学做人，再学做事

马云微语录

企业家、商人和生意人有什么区别？生意人唯利是图，有钱就赚；商人有所为，有所不为；而企业家必须承担社会的责任，创造价值，完善社会。

做人在前，做事在后

一次，一个年轻企业家应邀参加业内的聚会。聚会在一家五星级宾馆举行，参加的人很多，气氛热烈。年轻企业家很兴奋，他对周围的人大声讲他的发家史，讲他的成功、他的辉煌。

但是让他感到意外的是，大家对他的激情演讲反应很冷淡，倒是热情地聚集在一位老企业家旁边热情交谈。年轻企业家知道这个老企业家的工厂效益一般，在他看来可以用寒酸来形容，一年的利润还不如自己公司一个季度的利润。他也往老企业家身边凑过去，他想看看这个老企业家到底有什么魅力能够吸引众人。

围在老企业家身边的人很多，年轻企业家挤不上前，就问身边的一个人："这个人魅力好大呀，怎么，他能赚到很多钱吗？"

被问的那个人看了看年轻企业家，然后回答道："他是个可敬的人，他虽然赚的钱不算很多，但数年如一日坚持做慈善事业，捐建了很多学校、医院。他还是个幽默博学的人，我们都愿意和他聊天，听他讲话。这里的人都很喜欢他。"

年轻企业家以为成功就是赚到了多少钱，把赚钱当作了增强自身的砝码，却忽略了做人的根本。一个人不管如何有钱，公司如何成功，如果不懂得做人的道理，不把做人摆在第一位，那么都无法获得尊重，事业也不可能获得长久发展。

马云非常注重如何做人，他强调做企业好，做其他事也好，一定要把做人摆在第一位，只有做人做好了，其他事才能做好。

马云是个武侠迷，富有侠义心肠，喜欢为朋友出面解决问题。上大学的时候，他有一个同学因为一点儿小错误被校方取消了考研究生的资格。

马云知道后，非常替这个同学着急，于是他决定帮助这个同学，他找到校领导晓之以理动之以情，最后校领导终于同意马云的请求，恢复马云那个同学考研的资格。那个同学最终也通过了研究生考试，成了一名研究生。

从这件小事上就可以看出马云豪爽仗义的做事风格。小事如此，大事也是如此。在成功办起企业，成为知名企业家后，马云更是秉承做事前要先做好人的行事风格，他说："做人要远比做事重要得多，想要把企业做好，首先要学会做人，把基本的待人接物、敬业精神都学会，才能将事情做好。"

一次，马云应邀参加北京世界经济论坛会，会上有5个人在台上演讲。在演讲的时候，马云发现台下有很多人没有认真听，有的在打电话，有的在聊天，而且声音都很大。马云十分不解和生气，在他看来，连起码的礼貌都不懂，还谈什么让企业长久呢！

还有一次，一位部长请了12个中国企业家进行交流座谈。这个部长讲话只有十几分钟，但是这12个企业家在部长演讲的时候却大部分在打电话，根本没有认真听部长在讲什么，这让部长十分尴尬。

马云也觉得十分气愤，他认为这不是文化的差异，是缺乏必要礼貌的表现，是做人品质不够。如果这样为人处世，谁还会与这样的人做生意，生意又如何能够长久发展下去。

马云在创建海博、中国黄页和阿里巴巴公司时，遭遇了各种困难，但他坚守诚信做人的底线不动摇，在遭遇各种诱惑面前，依然不为所动。马云在《赢在中国》节目现场，说：

"企业家、商人和生意人有什么区别？生意人唯利是图，有钱就赚；商人有所为，有所不为；而企业家必须承担社会的责任，创造价值，完善社会。"

"但是无论你要想做一个优秀的生意人，一个优势的商人，还是一个优秀的企业家，必须有一个同样的东西，那就是诚信。诚信是个基石，基础的东西往往是难做的。但是谁做好了，谁的路就可以走得很长、很远。"

做事前先学做人不是唱高调，也没有夸大其词，而是实实在在的生活哲学。真的是先做好了人，把做人摆在了做事之前，事情才能做好。如果做人摆在了做事的后面，那么不仅人没有做好，事情也肯定做不好。

记住别人的好，要知恩图报

法国思想家卢梭说过这样一句名言："没有感恩就没有真正的美

德。"说的是做人要知道感恩。

　　一个男孩5岁的时候，失去了双亲。幸运的是他被一户人家收养，本以为悲惨的命运有了转折，可还算美好的日子刚刚过了3年，就因一件意外的事情戛然而止。这件意外的事情是这户人家有了自己亲生的孩子。已经8岁的男孩被送给了另外一户人家。

　　男孩不愿意走，但是遭到了养父母的打骂，无奈之下来到了第二户养父母家。在这家，男孩度过了5年。13岁时，男孩的这对养父母收养了亲戚家的孩子，又把他送给了第三家。男孩同样也不愿意，但也没有办法，寄人篱下的日子岂能由自己说了算。

　　在第三家，男孩仅仅待了一年，就被赶了出来。孤苦伶仃的男孩流落街头。几次的辗转送人，让他幼小的心灵变得坚韧起来，他不再渴求进入别人的家里。他融入了街头流浪乞讨者的行列。

　　男孩跟着一群小伙伴度过了6年的讨饭生涯，之后，他成了一名水泥工。相对于辗转不定的流浪生活，水泥工的生活虽然辛苦，但毕竟是一份稳定的工作，因此男孩工作起来异常卖力。

　　难能可贵的是，在业余时间，男孩利用赚的钱上了一家夜校，无论白天有多累，男孩都坚持到夜校学习。2年之后，男孩拿到了文凭，此时男孩22岁。之后男孩被一家公司录用，成了这家公司的销售员。

　　成为销售员后，男孩兢兢业业，起早贪黑跑业务。很快他有了第一个客户。由于他诚恳、善良，为他人着想，他的客户越来越多，一年多后，他被升为了部门经理。又过了几年，他有了自己的公司，公司效益很好，他过上了有钱人的生活。

　　他把之前养育过他的三对养父母接到家中，好好对待他们，并依旧称他们爸爸妈妈。在外人看来，他的行为让人有些不解，毕竟这三户人家曾那么不近人情地对待过他。但是他却坚持认为，当初如果不是这三对养父母的养育，他儿时遭受的苦难定会更多。

男孩的胸怀令人佩服，行为令人感叹。男孩用实际行动诠释了知恩图报的真正含义。

阿里妈妈是"阿里七剑"之一，是阿里巴巴旗下的一个全新的互联网广告交易平台，主要是针对网站广告的发布和购买平台。对于阿里妈妈这个营销平台的创建，马云的初衷是为了报恩，是为了感激当初支持淘宝的中小网站而创建的。

为什么这么说呢？当初淘宝网创建的时候，遭遇了业内国际巨头的阻击。国际巨头实力雄厚，不差钱。为了扼杀襁褓中的淘宝，几乎将所有大型网站的广告买断，想让淘宝网知难而退。马云没有办法，只好找到众多的中小型网站，向它们求援。

中小型网站及时出手支持淘宝网。在这些中小型网站的支持和帮助下，淘宝网逐渐走出困境，并逐渐强大，最终战胜了国际巨头。这些中小型网站在淘宝网的成长过程中给予阿里巴巴的支持和帮助让马云铭记在心。

在马云看来，互联网要想健康发展，就不能任由几个大型网站垄断控制，中小型企业也要参与进来，形成竞争态势，这样才能造就一个健康的网络生态环境。基于这个想法，同时也是为了回报曾经给予他帮助的那些中小型网站，马云才创建了阿里妈妈，以帮助中小型企业及其网站的发展。

也正是基于这样的初衷，马云多次公开表示，阿里妈妈赚不赚钱无所谓，关键是这样一个营销平台是否给中小企业带来便利，带来收益。事实证明，马云的这一心愿得到了满足，阿里妈妈的创建和运营给中小企业带来了实实在在的利益。

对于别人给予的好，马云总是记得牢，在自己有了能力之后，总是竭力回报，而对自己不好的人，马云却看得很淡。

成功不仅仅指做事成功，更重要的是做人成功。品质和事业之间有着非常紧密的联系，要想使事业走得顺畅、走得长远，人的品质一定要过关。知恩图报体现做人的良心，它有凝聚力量的神奇功效，会有助于你的事业顺畅向前发展。

第四篇
谈行为哲学：发挥主动性，别人的经验并不重要

马云说：

要想进步，就只有吸取教训，成功的经验都是歪曲的。成功了，想怎么说都可以，失败者没有发言权。可是，你可以通过他的事例反思、总结。教训，不仅要从自己身上吸取，还要从别人身上吸取。

抗压性

打工者通常大喊"受不了了"时,其实他不知道自己还能再被压一压。

创业者能把自己的抗压能力提升至极限,压力再大也不怕。

在朋友眼里

打工时,在朋友眼里,大家都是打工一族,可以相亲相爱。

创业时,朋友认为你和他们就不再是一个圈子的了,怎么可能玩到一块去,这时的你就成了寂寞空虚冷的孤家寡人。

在女友父母眼里

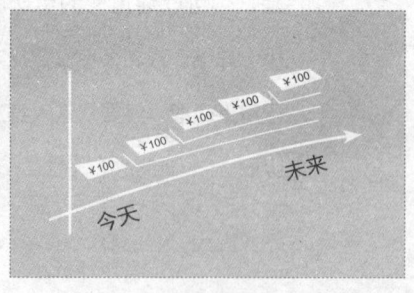

在女友父母眼里,打工者有稳定的工作就等于拥有美好的未来。

在女友父母眼里,创业者很可能就是明天的街头乞丐。

第11堂课
怕犯错误，就不会有明天

> **马云微语录**
> 最大的错误就是死不犯错误。

错误不可免，不要怕犯错

人非圣贤，孰能无过，错误是不可避免的，人都是在错误中成长起来的，因此大可不必谈"错"色变。事实上，无论是个人还是企业都犯过错。

作为一个新兴产业，互联网产业没有任何成功的经验可以借鉴，几乎所知的互联网公司都犯过错。拿最大的互联网公司谷歌来说，谷歌公司曾经希望通过并购，把埃文·威廉姆斯和比兹·斯·通两个互联网人才招募进来，但是却没有成功。拒绝谷歌的招募后，埃文·威廉姆斯和比兹·斯通创立了Twitter。

另外，Foursquare创始人丹尼斯·克罗利和产品经理亚历克斯·雷纳特先后从谷歌辞职，原因是在谷歌无法得到产品发展所需的资源以及资源整合不佳。

后来，Foursquare在地理信息服务领域已经超前于谷歌，而且还从谷歌挖走了不少员工。这些都是谷歌一系列错误引发的后果。但这些错误并没有让谷歌走向衰亡。

马云也认为互联网公司一定会犯错误，而且是必须犯错误。在他看来，网络公司最大的错误就是停在原地不动，就是不犯错误。

阿里巴巴同样犯过不少错误，甚至犯过一些相对比较大的错误，遭遇过N次失败，比如盲目地扩张地盘、过早国际化、迷信国外来的高管、迷信书本等。马云在"湖畔论道"时讲道：

"阿里巴巴这两年跟其他公司有什么区别吗？没有什么大的区别。就是有些东西我们是极其关注的，做一个产品，把销售体系建立起来。但是有些东西我们又不专注了，我们在按照书上的做，我们犯的一个很大的错误就是迷信书本知识。

我买了收购的书过来看，尊重人才，不开掉人，留下等于尊重他们，这完全是一个错误的思想，但是人只有犯过错误才知道错误。"

正基于此，马云说："阿里巴巴最大的财富不是取得了什么成绩，而是我们经历了这么多错误。我说阿里巴巴一定要写一本书，就写阿里巴巴曾经的错误。"

马云坦言他个人犯过很多错误，大错误、小错误，这不能说明马云不成熟、不理智，相反更能突出他的成熟和理智。马云认为做事不能怕犯错，要敢于尝试。诚如他所言，"最大的错误就是死不犯错误"。

在马云看来，怕犯错，就不会有明天。"湖畔论道"时，他还讲过这样的话：

"我们的阿里巴巴要想走向创新,很重要的一点就是我们这些人不要怕犯错误。怕犯错误,我们就不会有明天了。也不觉得一定是怎么样,要大胆尝试。B2B、C2C在未来的变数很多,但是有一样东西,我刚才讲了,我们要引进各种各样的人才,包容各种各样的人才。"

错误不可避免,无论是个人还是企业,都要有不怕犯错的思想,要敢于尝试。如果因为怕犯错误就裹足不前,就不敢尝试,那何谈梦想的实现,成功只会越来越远。

迅速纠错,不要犯同样的错误

企业,特别是一个崭新的行业,在发展过程中,错误不可避免,但是一定要通过错误吸取教训,增长认识,找到正确的发展方向,这才是最重要的。

2011年4月,拉里·佩奇正式出任谷歌CEO,他对谷歌进行了重组,使其专注于产品分类方向。他最终为谷歌创造了新的七大部分,分别为:移动、社交、浏览器、视频、广告、搜索、地理商务。

在这之前,谷歌在这方面走了不少弯路,犯了不少错误。拉里·佩奇从这些错误中吸取教训,最终帮助谷歌找到了合适的发展方向。

马云对犯错有着深刻的认识,他曾说,为了明天跑得更好,错误还得犯。对阿里巴巴的成长过程,马云曾说:

"阿里巴巴最大的财富不是取得了什么成就,而是我们经历了那么多失败，犯了那么多错误。阿里巴巴要出一本书，不写阿里巴巴的成功，就写阿里巴巴曾经的错误。这些错误，你听了会笑着说，那些错误也犯过。有一天，如果有重要的项目，不要派常胜将军去，而是要派失败的人上去。失败过的人会把握每一次机会。你不要看今天很风光，我前面犯了很多错误，今后也会犯很多错误的。"

在马云看来，错误是用来学习的，是用来换取进步的。他对待错误的态度是：直面错误，迅速纠错，不要犯同样的错误。直面错误就是上面所说的，错误不可避免，不要怕犯错。迅速纠错是在直面错误的基础上，知错就改，立即调整。而不要犯同样的错误就是要善于总结经验教训，避免重蹈覆辙。

2005年，马云高调宣布用户免费使用淘宝网3年，使得淘宝网用户数量迅猛增长，完胜eBay。2006年5月，淘宝网推出一项名为"招财进宝"的新型收费增值服务。这项服务可以让卖家在淘宝网上买一个"推荐位"，让自己的商品出现在淘宝网浏览量较大的位置上，以利于商品销售。

有很多商家认为，这项有偿服务有悖于之前马云关于免费使用淘宝网3年的决定。一些卖家联合起来，酝酿在2006年6月1日集体罢市以示抗议，他们甚至扬言如果淘宝网不取消"招财进宝"，他们就从淘宝网撤离。

马云和他的团队发起"招财进宝"这项服务，出发点是好的。当时淘宝网商品有几千万件，日交易量几千万元。如果没有搜索，买家很难找到合适自己的产品，而搜索必然牵扯到排名。价格是相对客观的排名标准，为了排名第一位，卖家会疯狂做假货的交易量，那么搜索必然会乱套。正是基于这种考虑，马云和他的团队才发起了这项有偿服务。

但是不管出发点是好是坏，从最终的效果看，这都是一次错误的决定。

面对愈演愈烈的"罢市"风波，马云及时发表了一篇题为《谈谈拥抱变化》的帖子,在这个帖子里,马云就将"招财进宝"的本意进行了真诚的剖析,希望得到用户的谅解和支持。

这篇帖子的发表缓和了卖家激烈的对抗情绪,但问题还没有得到彻底解决。为了解决问题,马云随后决定在淘宝网上公开投票来决定"招财进宝"的去留。

投票结果显示,赞成对"招财进宝"不断完善并推行的占投票总数的38%,主张取消"招财进宝"的占投票总人数的62%。面对这样的结果,马云和他的团队迅速决定取消"招财进宝",并马上返还推行期间所收取的全部费用。

这次事件给马云和淘宝网带来了一定的负面影响,也造成了一定的经济损失。但马云迅速纠错,处理方法及时、有效,在很大程度上减轻了负面影响,没有造成更严重的损失。

马云善于从错误中汲取经验教训,力求不犯同类型错误,这可以从淘宝创业过程中基本没犯阿里巴巴前期错误中看得出来。

创业的过程中,错误肯定是不可避免的。在面对错误时,创业者要谨记马云对待错误的态度,就是迅速纠错,不犯同样的错误,这样才能使自己不至于偏离成功轨道而向梦想靠近。

多看看别人是怎么失败的

虽然错误不可避免,但少犯错误,还是非常重要的。前事不忘,后事之师,经验是前人智慧的结晶,特别是失败的经验更是有着非同一般的借鉴价值。

"在我来华访问期间,有很多人都让我解释一下,美国的科学取得巨大辉煌的主要原因,答案是多种多样的,但中国人很容易忽视这样一个影响因素,那就是美国社会尊重失败。美国人对那些渴望成功、努力挑战困难的人很尊重。尽管这些人有时候败得很惨。那些优秀而雄心勃勃的计划,有时候失败了,但并不影响其伟大。科学要探索,失败是很正常的。"

这是美国科学院院长布鲁斯·艾尔伯兹在访华期间为《科技日报》撰文中的一段话。从这段话中,可以清楚地看出他以及美国社会对"失败"的理解和态度。

对于创业遭到挫败,马云有着非常清醒的认识,他说创业就是与失败、困难为伍,很多创业都将会遭到挫败。同时,他对应该如何面对失败也有着清晰的见解,他认为必须正视失败,同时要有忍耐力去接受失败,分析失败的原因,寻找走出失败的途径,反败为胜。他曾说:"每次成功都可能导致你的失败,每次失败后好好接受教训,也许就会走向成功。"

从失败中走向成功的例子数不胜数,如:可口可乐的发明源于一次配方的失败;X光的发现源于一次实验的失败。巨人集团创始人史玉柱也曾经历过惨重的失败:

史玉柱是马云的好朋友,巨人集团的创始人,前巨人集团的总裁。他在建造巨人大厦时犯下了严重错误,导致了创业严重受挫,不仅之前挣到的钱都打了水漂,还欠下3亿元的债务。但是史玉柱没有被失败打倒,他正视失败,吸取经验教训,鼓起勇气从头再来,终于又重塑辉煌。这件事带给了史玉柱深刻的教训,亦引起了很多企业家的关注和思索。事后,从不反省的他亦作了一番自我反省:"凡事要按部就班,发展太快不是好事,待企业健康时才慢慢发展……"

在马云看来,失败的经验是最宝贵的,成功的经验是瞎扯。他说:"我觉得实力是失败堆积起来的,一点点的失败是一个人的实力和企业的实力。"因此,他建议创业者要多花点时间去听别人是怎么失败的,而不要花时间去听别人是怎么成功的。

"成功的原因有千千万万,失败的原因就一两个点。"正是看清楚了这一点,所以,当阿里巴巴从最初的十几个人发展到一万多人的规模之后,马云开始做一项工作,那就是精心调查研究以前那些一万人左右的企业失败、倒闭的原因,最后他归结为,这些企业没有把握好未来。

虽然马云有这方面的准备,阿里巴巴还是遭受过N多次的失败。对此,马云十分坦然:"每次成功都可能导致你的失败,每次失败后好好接受教训,也许就会走向成功。"这是马云的真心希望,也是创业者要有的准备。

一个推销员有着非常丰富的推销经验,认识他的人都相信他几乎可以将所有的东西推销出去。很多新手向他请教经验,他回答:"没什么,只不过多吃了几次闭门羹而已。"继而他解释,一次又一次的失败没有使他退缩,而是从失败中汲取教训,然后从头再来。每一次失败,每一次汲取教训,都让他距离成功更近了一步。

创业者要想取得成功,就一定要做好面对失败的心理准备,正视失败,学会从失败中寻找成功的方法,将失败转化为迈向成功的垫脚石。

第12堂课
永远要做最适合自己的事

> **马云微语录**
> 十年的创业告诉我,我们永远不能追求时尚,不能因为什么东西起来了就跟着起来,永远要做最适合自己的。

创业要找适合自己的项目

"隔行如隔山"是我国的一句俗语,要说明的道理是显而易见的,就是不是本行的人就不懂这一行业的门道,言外之意是不要想当然地认为自己很了解另一行业,更不要恣意评论自己不熟悉的行业。

这句话用在创业上,有另一番意思。现代社会中,尽管很多行业之间有着各种各样的紧密联系,但是每个行业之间存在着许多看得见与看不见的隔阂和区别,每个行业也都有各自的经营之道。所以,创业不能随意涉足自己不熟悉的行业,要尽量挑选自己熟悉的行业。

马云创业虽然选择了自己并不熟悉的互联网,但是他主张创业要选择合适的项目,在《赢在中国》节目中,马云给一个选手做出这样一个点评:

"首先回答刚才那个问题，就是选项目还是选人。我觉得项目和人不应该是矛盾的，优秀的项目必须有合适的人，优秀的人也必须要有合适的项目，然后再加上合适的时间才能成功，所以我选的时候一定从这个人和这个项目，以及是不是合适的时间、他的团队来看问题，有的时候这个项目很好，人不行，有的时候项目不成熟。"

马云这段话的核心意思是创业要想成功，创业者和创业项目要匹配。从这段话中可以引申出，创业一定要找适合自己的项目来操作，否则，很难创业成功。

一个大学生毕业后就在一家医疗产品代销公司打工。3年后，他成了这家公司的业务骨干；又过了两年，他觉得自己对公司的业务已经熟得不能再熟了，他决定结束打工生涯，自己创业。于是他真的向公司老板辞了职，自己另立门户。

可是，他没有选择自己最熟悉的医疗产品销售作为创业项目，而是选择了产品销售上游环节的产品生产作为创业项目，之所以做出这样的选择，只因为他认为生产环节利润更大，却忽略了隔行如隔山的道理。

当起了老板以后，他发现情况没有想象中那样顺利，生产过程中遇到诸多难题，而他却没有好的解决办法，只能眼看着问题越积越多，最终造成无法挽回的损失，创业由此遭到了惨败，他不得不又一次出来打工。

这个创业者的经历佐证了马云的看法，即创业要找适合自己的项目。马云创建的第一个公司海博翻译社，主要业务是英语翻译，而英语则是马云最擅长的学科。

一个外行很难在一个全新的领域创业成功。所以，很多人在知道了马云仅仅懂得发电子邮件和上网，却将互联网企业办得风生水起时，感觉不可思议，但只有了解马云和阿里巴巴的人才知道，在创业过程中，马云曾经遭遇到了多么大的困难和挫折，又付出了多么大的代价。马云曾深有感触地说："十年的创业告诉我，我们永远不能追求时尚，不能因为什么东西起来了就跟着起来，永远要做适合自己的。"

　　总之，在选择创业项目时，尽量选择自己熟悉并适合自己的项目，这样能够增大创业的成功概率，即使在创业过程中遭到困难和挫折，也能凭借自己的经验妥善处理，获得相对较好的结果。

找到属于自己的独特优势

　　创业一定要清楚什么才是你的独特优势，这样才能更好地定位，并做到扬长避短，为成功积累更多的资本。马云在这方面做了很好的表率。

　　1999年2月，马云受邀参加在新加坡举行的亚洲电子商务大会。与会者80%是欧美人，谈的也是欧美电子商务，对亚洲电子商务明显存在偏见。马云忍不住站起来，发表了一席慷慨激昂的演讲："亚洲电子商务步入了一个误区。亚洲是亚洲，美国是美国，现在的电子商务全是美国模式，亚洲应该有自己的独特模式。"

　　至于亚洲电子商务是什么样的模式，马云当时没有讲。当时的他还不清楚，但那是他想做的事。他只知道要有自己的独特模式。

　　2005年，在中国经济年度人物评选创新论坛的演讲中，马云又一次说起了这件事:"我认为亚洲是亚洲,中国是中国,美国是美国,美国人打篮球打得好,中国人就应该打乒乓球。回国的路上我觉得中国一定要有自己的商务模式,是不是eBay我不知道,是不是雅虎我也没有看清楚,但是如果围绕中小企业,帮助中小企业成功,我们是有机会的。"

1999年2月,阿里巴巴在杭州创建之时,马云将阿里巴巴定位为一家为中小企业服务的公司。它为什么不服务于国有企业以及外企等这些背景深厚、实力强大的公司呢?

就国情和现状来看,中国的希望一定是寄托在中小企业身上。有着13亿人口的泱泱大国,单靠国有企业和少量的外企解决就业问题是不可想象的。如果真的是这样的话,那么这个国家一定是贫穷和没有希望的。所以,中国必须依靠中小企业,只有它们强大了,国家才有希望和活力。马云就是看清楚了这一点,才毅然将阿里巴巴定位为一家服务于中小企业的公司。

另外,马云和很多一直"浸泡"在优越环境中的互联网精英不一样,他从小生活在普通人当中,这也决定了他不做陌生的15%的大企业的生意,而只会做熟悉的85%的中小企业的生意。

阿里巴巴为中小企业服务的定位,明显地体现了马云和他的团队的睿智和远见,他说:

"如果你将自己的企业定位为纯粹的销售公司或者制造公司,那你的麻烦就会很大,在中国这样的企业成长得太快。品牌是什么?品牌不是名声,品牌要让别人品得出来,品得出来的是文化。我不敢说今天的阿里巴巴有品牌,可以说有知名度,这是我带领大家不断抗争、不断努力的结果。当你看到市场上有很多人做手机的时候,你必须考虑,什么是你的独特优势,什么是你做得到的,而别人是做不到的。不管做什么行业,当觉得做不过别人时,就一定不要去做,因为大家一哄而上,也必然会一哄而下。"

最终，马云为阿里巴巴定位了发展方向，那就是只为中小企业提供服务。这也是阿里巴巴的独特优势。

"如果将企业也分成穷人和富人，那么互联网就是穷人的世界。而我的使命就是领导穷人闹革命。"马云是这样想的，也是这样做的，事实证明他的这种想法和做法是非常明智的。

另外，马云还考虑到，由于亚洲是最大的出口基地，所以帮助全国的中小企业出口将成为阿里巴巴的另一个重要目标，阿里巴巴正在朝着这条道路快速行进。

一次，博鳌亚洲论坛秘书长龙永图问马云："你（阿里巴巴）现在的供应商当中有多少是中小企业？"马云回答道："几乎全是中小企业。当然沃尔玛也好，家乐福也好，海尔也好，甚至GE都在我们这儿采购，但是我对这些企业一点兴趣都没有。"

这并非马云狂妄，事实上，马云确实对这些大企业不感兴趣，他只做中小企业的生意。

马云还告诉龙永图："企业在工业时代是凭规模、资本取胜，而信息时代一定是靠快速灵活的反应。我唯一的希望就是用IT、用互联网、用电子商务去武装中小企业，让它们迅速变得强大起来。"

"一个项目、一个想法，如果不够独特的话，很难吸引人。"马云如是说。不吸引人就很难凝聚力量，吸引人气，成功就会变得异常艰难起来。日本企业界曾提出这样一句口号："做别人不做的事"，同样也是要求项目一定要独特。在马云看来，有时候不被人看好是一种福气，正因为没有被看好，大家都没有杀进来，如果好的话，就轮不到你了。

一招鲜吃遍天，虽然有些夸张，但绝对有它的道理。看来，只有认清并找到自身独特的优势，才能更好地进行"私人定制"，才能吸引人，也才能在波涛汹涌的商海中驶得更稳，行得更远。

充分发挥出潜在的优势

创业过程中经常会遇到资源匮乏的问题，这种情况下，要多动脑筋，努力让本来不占优势的事情充分发挥出潜在的优势，为梦想实现助力。

要想让本来不占优势的事情发挥出潜在的优势，就要努力做到打破常规。只有打破了常规，才能有新意，才能出奇迹。

杰夫·贝索斯是亚马逊的总裁，他通过运用互联网而不是传统的分销渠道，打破了书刊行业的规则，使亚马逊成了世界上成功的电子商务网站之一。

马云认为，把一个本来不占优势的事情，充分发挥出其潜在的优势，是打破常规的真正精髓。打破常规不是天马行空，不是肆意妄为，而是立足于实际情况的有效挖掘。

阿里巴巴的总部设在杭州，而没有选择首都北京和国际都市上海。照阿里巴巴的实力，完全有能力在北京和上海立足发展，却偏偏没有，这是为什么呢？

相较于北京和上海，杭州这座二线城市确实无论在硬件还是在软件上，都无法与其匹敌。对于从事电子商务的阿里巴巴而言，杭州看似是一个不占优势的地方，但是马云却能另辟蹊径，从这种"劣势"中开发出"优势"，利用其独到之处，充分发挥出其潜在的优势，体现了马云打破常规的智慧。

杭州是马云出生的城市，对于把阿里巴巴的总部设在杭州，马云在

2005年青岛网商论坛上讲了下面这番话：

"到今天为止，我还是坚定不移地相信阿里巴巴总部设在杭州是没有错误的。

首先，无论哪个公司都一定要贴近自己的客户，客户在哪里你就要在哪里，阿里巴巴做的是电子商务，如果做的是电子政务，那我们就应该去北京。做电子商务就要在距离中小企业最近的地方，也就是要在浙江、江苏、广东一带。

其次，北京多相信国有大企业，假如我们在北京，阿里巴巴就相当于500个儿子中的一个，谁也不会关心你。上海多跨国公司，如果你是微软、IBM，有人会像请佛一样请你，而中国的本土公司没人理，我曾经想把阿里巴巴的总部设在上海，但后来还是放在了杭州。

最后，我们把总部设在杭州，突然发现杭州才是自己真正的家。杭州几百万老百姓因为阿里巴巴回归而感到高兴和骄傲。杭州的出租司机帮我们做广告。杭州西湖上划船的人虽然不知道阿里巴巴是什么，却知道杭州有一个公司叫阿里巴巴。"

另外，杭州市政府的服务意识，良好的社会环境，深厚的文化积淀也让马云坚持将阿里巴巴总部落户家乡杭州。

马云坚持这种看法，并努力让自己的这种选择发挥出应有的"效应"，事实上也正如马云所料，潜在的优势被挖掘了出来，"劣势"变成了"优势"。

创业过程中，要注意扬长避短，打破常规，努力寻找并充分发挥出资源的潜在优势，增强企业实力，力求在激烈的竞争中站稳脚跟，直至取得胜利。

抓小虾米也能成大事

海不辞溪流,故能成其大;山不辞土石,故能成其高。再远的路,也得从第一步开始,所以人不能盲目贪大、贪多。只要经营有方,再小的生意也同样能做大做强。

本田汽车和松下电器畅销世界各地。一次,本田汽车的创始人本田宗一郎对松下电器创始人松下幸之助说:"先设定一个小目标,然后向它发起冲击,成功后,再集中力量向再大一些的目标冲击,待成功后,再建立起更大的目标,然后再向它发动起攻击。这样辛辛苦苦拼搏多年,就可以从山脚下一步步攀登上去,我就成了全世界的摩托车大王了。"

松下幸之助说:"我也同样从小做起,我经常对我的员工说,想从事大发明必须先从身边的小发明做起,想做大事必须先从身边的小事做起。"

马云开创国内电子商务专做中小企业生意,当时全球互联网所做的电子商务,基本上是为全球顶尖的15%的大企业服务的,只有马云放弃那15%的大企业,只做85%的中小企业生意。

马云把大企业比作鲸鱼,把小企业比作虾米。"弃鲸鱼而抓虾米"是马云深思熟虑后的坚定选择。马云认为网络的普及将导致大公司模式的终结。工业时代,一家公司要向全世界扩张,前提是一定要拥有雄厚的资本,并借助于设海外分公司、办事处等方式。但是,在网络时代,一家公司要在世界开拓市场，并不需要那么多资金，也不需要设立那么多的海外分支机构，网络使中小企业获得原先只有国际公司才能获得的商机。

另外，亚洲是目前世界最大的出口基地，中小型供应商十分密集，然而，如此众多的中小企业却没有实力去为自身进行推广，网络的诞生和普及提供了实现这个愿望的可能。马云正是看清了这些，才决定只做中小企业的生意。

马云说："大企业有自己专门的信息渠道，有巨额广告费，小企业什么都没有，他们才是需要互联网的人。"

马云要做的事就是提供这样一个平台，将全球中小企业的进出口信息汇集起来，帮中小企业做生意赚钱，同时，自己也能赚到钱。总之，马云认为中小企业的春天即将到来，因此他依然将宝压在了中小企业身上。

马云曾信心满满地说："让别人去跟着鲸鱼跑吧！我们只要抓些小虾米。我们很快就会聚拢50万个进出口商。"

美国高盛和日本软银也倾向于马云的看法，所以他们也决定投资马云。高盛投资500万美元，软银投资2000万美元。事实证明，马云的这个选择是非常正确和明智的。

在这些巨资的帮助下，阿里巴巴迅速发展起来，商务平台越来越大，用户也越来越多，真如马云所预料，阿里巴巴前途无量。

大固然有大的好处，但小也有小的强项，小的企业经营灵活，市场应变力强，进退迅捷。而且，现在小不代表将来也小，有一天"小"也可以变"大"，因此，不要以大、小来定前途未来，更不要不屑做"小虾米"生意，只要适应市场，经营有方，再小的"小虾米"生意，也会壮大起来。小梦想将会变成大梦想。

另外，现在的大部分创业者，往往都是白手起家或刚刚起步，资金少、人力不足、经验欠缺、人脉不广，这些现实情况也决定了他们只适宜从小生意做起、由小到大的路线。

一个年轻人想创业,却没有多少钱,于是他想选择制刷这个小本小利的行业作为自己创业的起点。年轻人的想法遭到了亲朋好友,特别是他姐夫的强烈反对。他却说:"我认为生意不在大小,在于怎样经营。刷子虽然小,但每家都需要,只要经营好,同样赚钱。"

年轻人决定按照自己的想法做下去,最终他获得了成功,公司成了世界知名的制刷企业。

可见小生意同样可以成就大梦想。总之,不要单纯地以"大"和"小"来论生意,那样的见解是浅薄的,是形而上学的观点。创业的你只需知道,小虾米也有长成大鲸鱼的一天。

第13堂课
先做正确的事，再正确地做事

> **马云微语录**
>
> 　　一个正确战略制定过程，首先要做正确的事情，再有就是正确地做事。你做正确的事，就可以事半功倍，如果你做的事情是错误的，后边做得越正确，死得越快。

方向比距离更重要

　　效率和效能是两个不同的概念，效率注重的是做一件工作的最好方法，而效能注重的是工作结果。有人认为"效能＝效率×目标"，这个说法有一定的道理。做事不能片面追求效率，效率高不代表目的就可以实现，有了正确的目标再加上一定的效率才可能达到目的。

　　效率和效能兼得固然是好，但是效率和效能无法兼得时，首先要追求的应是效能，然后设法再提高效率。在这里，效能对应的是做事的方向，效率对应的是做事的速度。做事，首先要保证方向是正确无误的，然后才是如何加速达到目的问题。实际上，这是做正确的事和正确地做事的问题。

　　做正确的事和正确地做事是两个概念，两者有着本质的区别，做正确的事应该是正确地做事的前提，如果没有按照这个逻辑关系做事，"正确地做事"将变得毫无意义，因为做事出了偏差，方向错了，何谈意义？

马云坚定保持先做正确的事，再正确地做事的行事作风。"首先是不是做了正确的事，其次是不是正确地做事。"马云如是说。他认为这两者的关系与下围棋类似。他说："下围棋的人都知道，如果没有事先布好局，后面肯定会乱。如果局布好了，最后就算是输了，也不会输得太多。"

做正确的事，代表方向正确，这样即使走得慢一点儿也能一步步靠近成功，这犹如在起点和终点之间画上一条直线，做正确的事就是在这条直线上行走。

大科学家爱因斯坦曾经说过："天才就是99%的汗水加上1%的灵感。"很多人认为这句话是金玉良言，是正确无误的。可是马云却认为这句话是不对的，在他看来，很多人就是被这句话误导了一生，导致勤勤恳恳一生，最终碌碌无为。

马云之所以说这句话是不正确的，是因为在他看来，成功不是你做了多少，而是你做了什么。实际上，这也是要先做正确的事，然后再正确地做事。

说得通俗一点就是，如果做事方向不对，再勤恳又能取得多大成就呢？事情往往是方向错了，越勤恳越一事无成。马云就是基于这样的认识，才说爱因斯坦的这句名言是不正确的。

海博翻译社命运多舛，起起伏伏，马云曾这样总结道："经营海博翻译社的过程让我明白，成功者至少需要具备两种品质，一种是大胆执着的性格，另一种是对市场有敏锐的嗅觉。"其中，马云说的第二种品质也是要求做事要找准方向，否则事倍功半，甚至得不偿失。

马云认为，如果创业方向选错了，做得越对死得越快，所以他十分注重方向的选择。阿里巴巴成立伊始，马云就将电子商务定为阿里巴巴的主要业务，他认为这是一个非常正确的选择，事实也证明了马云的这个选择非常正确。

在一个加工车间，工人们按照加工工件的标准要求，加工制作出了合格的产品，那么这就是正确地做事。但是如果工件的标准要求存在很大的缺陷，致使生产出来的产品满足不了需求，没有客户，没有市场，那么就不是在做正确的事。这种情况下，无论工人做事的方式方法多么正确，其结果都是毫无意义。这就是马云所说的："如果你方向错了，你做得越对死得越快。"

为了让员工懂得做正确的事的重要性和意义，马云在雅虎的演讲中讲道：

比尔·盖茨曾经懒得读书，就退学了。他又懒得记那些复杂的DOS命令，于是，他就编了个图形的界面程序，叫什么来着？我忘了，懒得记这些东西。于是，全世界的电脑都长着相同的脸，而他也成了世界首富。

……

回到我们的工作中，看看你公司里每天最早来最晚走，一天像发条一样忙个不停的人，他是不是工资最低的？那个每天游手好闲，没事就发呆的家伙，是不是工资最高的？可能还有不少公司的股票呢！

马云上述演讲的目的就是告诉自己的员工，成功很多时候真的不是看你做了多少，而是看你做了什么。方向一定比距离更重要，南辕北辙的故事世人皆知，一定不要做那样的蠢人。

"如果，我只能送你一句忠告，那就是，这个世界上没有免费的午餐，永远不要走捷径！"这是马云送给创业者的一句忠告。做正确的事，朝着目的直线行走，而不是在错误的方向上狂奔，就是不走弯路，就是在正确地做事。

"现在！立刻！马上！"

有了好的决策不行动，等于没有决策。让决策在那里睡大觉，自然是毫无意义可言。再好的创意，再充分的准备，如果不及时行动，仍会是一场空。

有人曾问巨人网络总裁史玉柱，在现代管理中，哪一样至关重要？史玉柱认为是"说到做到"。他说："如果谁说我们的执行力差，他可以这么说，但我绝不会承认。每年大年三十，你可以到全国50万个商场和药店去看，别人早就回家过年了，我们9000名员工依然顶着寒风在那里一丝不苟地搞脑白金促销。如果执行力不行，干劲从哪里来？"

为了提高执行力，史玉柱还成立了专门的督察部，制定了一套十分严密的制度，组织专职人员进行落实。

好的执行力无疑是成功的法宝，说到做到，想到做到，有了好的想法、决策，就要落地生根，及时执行，要不很容易成为一场空想。因此，马云认为：哪个公司计划书做得越厚、越好、越完美，它死得越快！

柳传志曾这样解释执行力的重要性："决定一个企业成功的要素有很

多，其中，战略、人员与运营流程是三个决定性要素。如何将这三个要素有效地结合起来，是很多企业经营者面临的困难。而只有将战略、人员与运营进行有效地结合，才能决定企业最终的成功。结合的关键则在执行。"

马云曾和日本软银集团总裁孙正义讨论过这样一个问题：一流的点子加上三流的执行水平，与三流的点子加上一流的执行水平，哪一个更重要？最后两人给出了同一个答案：三流的点子加上一流的水平。

两人的观点说明了好的执行力非常重要，行动才是决定事情是否成功的主要因素。马云认为成功不是计划出来的，而是"立刻、现在、马上"干出来的。在阿里巴巴刚创建时，马云就反复要求阿里巴巴员工一定要具备好的执行力，他说："工业时代的发展是人工的，而网络经济时代一切都是信息化的，难以预测。所以，阿里巴巴不是计划出来的，而是'现在、立刻、马上'干出来的。"

马云曾将阿里巴巴称为"一支执行队伍而非想法队伍"。他多次强调，迅速地去执行一个错误的决定要好过优柔寡断或者没有决定。因为在执行的过程中，有足够的时间和机会去发现并改正错误。

一次，一个记者问马云："为什么你能有今天，而同样聪明的王峻涛却还在为创业而努力？"马云哈哈大笑说："我在前面说、演讲、做宣传、造势，我背后，有一帮人在实干，苦哈哈地卖力干。而王峻涛身后没有十八罗汉，我说过了，有人做；他说过了就是说过了，只是说过而已。"

信息化时代资讯瞬息万变，今天的情况，到了明天可能就发生了改变，如果迟迟不行动，无疑可能失去实现的机会。有一次，马云在长城上看到一些诸如"某某到此一游"一类的涂鸦，受到启发，他认为阿里巴巴应由网上论坛BBS按行业分类发展，以方便用户使用。因此，他要求技术人员对BBS上的每一个帖子进行检索分类。

可是技术部门认为这样的人工分类，有悖互联网自由的传统习惯，原则上不同意马云的做法。双方各持己见，激烈争论，最后谁也没有说服谁。马云不改初衷，坚持认为方便用户才是终极目的，一切革新都要围绕这个终极目的来进行。

事情没有解决，马云就出差到了外地，他通过电子邮件要求技术部门立即完成这个任务。技术部门还是坚持自己的意见，这下，马云真的愤怒了，他愤怒地向主管领导下达命令："你们立刻、现在、马上去做！立刻！现在！马上！"

马云的愤怒让技术部门不得不做出妥协，立刻按照马云指出的方向进行程序革新。正是由于马云的雷厉风行，阿里巴巴的发展方向最终确定下来。事实证明，马云的这一决策和推行是正确的，它让阿里巴巴在网络泡沫时期不仅坚持下来，而且还实现了大幅盈利。

马云的思维很简单，那就是想好了就行动。在他看来，企业不需要很多思想家，只需要有一个就可以了，剩下的人只要是"立刻、现在、马上"行动就可以了。

创建阿里巴巴的50万元原始资金是马云与十几个创业同伴在家中募集的，那时的他自然不会顾忌到日后阿里巴巴将要经历多少风风雨雨，他只是想好了就行动。

在淘宝网与eBay激烈争夺C2C市场时，马云分析清楚形势后，果断采取一系列措施，其果断和迅猛的执行力，让eBay措手不及，最终败下阵来。

高效的执行力无疑是阿里巴巴成功的一大法宝。马云的言传身教给了创业者一个绝好的启示：只有及时、高效的执行力才能将缥缈的梦想变成活生生的现实。

将灾难扼杀在摇篮中

对于一个企业来说，战略至关重要，可以说关系到企业的生死。正确的战略会促进企业向前发展。错误的战略不但会阻碍企业发展，甚至会使企业走向灭亡。

一个在服装业摸爬滚打十几年的创业者，终于成了一个有钱的老板。公司正常运营，虽然利润不是很高，但还说得过去。他忽然觉得服装业太累，太操心，挣钱也不是很多。听说互联网很赚钱，也是个很时尚的行业，于是他迫切希望转行进入互联网领域。

一些了解互联网行业的朋友劝他不要轻易转行进入互联网行业，他们告诉这个经营服装的老板，互联网行业虽然看起来很风光，但实际上盈利还不如一些传统行业，而且风险很大。对于不懂互联网的创业者来说，还是应该好好斟酌。

可那个老板鬼迷心窍，不听劝告，他认为自己当初对服装行业也不懂，白手起家，经过十几年也攒了几千万的身家，所以他决定不顾风险进军互联网行业。

结果是，在短短的两年时间里，这个有着几千万身家的老板就从互联网行业铩羽而归，几千万元打了水漂。

一个错误战略，让他十几年的辛苦和努力付诸东流。如果他当初听从了朋友的劝告，预见转行的困难，三思而后行，也许后面的一切就不会发生了。

阿里巴巴创建初期，马云的一个错误战略也差点使阿里巴巴夭折。那时阿里巴巴羽翼尚未丰满，马云斗志高昂，想凭借融资来的几千万美元将阿里巴巴推向世界，打造成一个跨国大企业。

在这种情绪的鼓舞下，2002年2月，马云带领部分阿里巴巴成员来到欧洲进行宣传活动。

踌躇满志的马云兴奋地宣讲："一个国家一个国家杀过去。然后再杀到南美，再杀到非洲。9月再把旗插到纽约，插到华尔街上去，告诉他们，我们来了！"

到了9月，马云的狂妄预言却没能实现，阿里巴巴的旗没有插到纽约，相反，阿里巴巴却处于一种高危状态中。

为了将阿里巴巴推向世界，成为一个跨国大企业，马云从世界各地重金聘请了很多高级人才，其中既有跨国公司的管理人才，也有知名大企业的技术人才。

这些精英为阿里巴巴的发展积极献言献策，几乎每个人都能讲出一大堆道理，公说公有理婆说婆有理，争论得不可开交，但意见多了，则相当于没有意见，马云被这些建议和意见弄得焦头烂额，他曾深有感触地说："50个聪明人坐在一起，是世界上最痛苦的事情。"

出于国际化的需要，马云将阿里巴巴的服务器和技术大本营都放在了美国硅谷，他认为，在公司的管理、资本的运用、全球的操作上，要毫不含混地全盘西化，阿里巴巴要的是放眼世界，挑战世界，真正做到打进全球市场。

这样做的后果一方面固然是让阿里巴巴赚足了眼球，引来了众多关注，阿里巴巴似乎变成了国际化大企业，但同时，公司的运营成本居高不下，每个办事机构的花销都是一笔不菲的数字，急功近利的后果肯定不会长久，果然，在当年年底，阿里巴巴的账上只剩下了700万美元。

阿里巴巴的烧钱行为不能再继续下去了，否则只能走向毁灭。很多互联网公司就是这样走向破产的，有了这些前车之鉴，马云毅然决定停止扩张，实行全球大裁员。

在马云推行海外扩张战略的一年多里，阿里巴巴不但没实现盈利，反而花去了巨资，这导致军心不稳，员工纷纷离职，其中包括那些很有能力的管理人员和基层员工。一时间，阿里巴巴处于风雨飘摇之中。

马云全力安抚那些欲离职的员工，给他们讲阿里巴巴未来的规划和长远目标，这回他不再好高骛远，不再急功近利，而是踏踏实实，这样，员工内部浮躁的情绪渐渐安定下来。

痛定思痛，马云决定将阿里巴巴大本营撤回国内，从原来大张旗鼓向海外进军，到如今偃旗息鼓退回国内，这需要很大的勇气和魄力。但为了生存，马云只能做出如此的决定。

总结经验教训的时候，马云讲道："一个公司在两种情况下最容易犯错误，一种情况是有太多钱的时候；第二种是面对太多机会的时候。一个CEO看到的不应该是机会，因为机会无处不在。一个CEO更应该看到灾难，并把灾难扼杀在摇篮里。"

马云悬崖勒马，将灾难扼杀在摇篮里，最终挽救了阿里巴巴，让这艘互联网巨轮有了重新起航的机会。

诚如马云所言，看到灾难比看到机会更重要，机会无处不在，错过了这个，还有下一个。但如果看不到灾难，不能做到未雨绸缪，可能一个灾难就让你灭亡了，等不到下一个机会。

所以，我们要培养自己对灾难的预见能力，在灾难来临前，做好各项准备，以求安然渡过灾难。这对一个企业，尤其是初创企业来说，非常重要。

不要让资本说话，要让资本赚钱

资本是一个企业有底气的基础，有钱腰杆自然就直。马云在创建阿里巴巴之初，资本少得可怜，他到处去跑投资，希望给阿里巴巴创造一个雄厚的资本，好让自己以后能将更多精力用在业务上。最后，他终于跑来了投资，阿里巴巴也开始朝着预定的方向快速发展。

有资本固然是好事，但是在有了资本以后，一定不要被资本束缚住，让资本牵着鼻子走。

虽然马云曾为获得投资，到全国甚至全世界去演讲，但是他对资本却有着十分清醒的认识。他认为资本虽然不可少，但永远不要任由资本摆布，不要让资本说话，而要让资本赚钱。

"你刚才讲到风险投资如果给你投钱，你会让资本说话。我的建议是，永远不要让资本说话，要让资本赚钱。让资本说话的企业家不会有出息，重要的是你要让资本赚钱，让股东赚钱。如果有一天你拿到很多钱，你坚持今天的原则，做你认为可以赚钱的，我相信有一天资本一定会听你的。"

这是马云在参加《赢在中国》第二赛季晋级篇时，对选手李书文说的一段话。李书文是中润公司的创始人。中润公司是一家做办公家具的民营公司。

在节目现场，李书文告诉马云、史玉柱等评委，资金短缺是他创业过程中遇到的问题之一。他参加《赢在中国》也是为了获得资金的支持。

李书文告诉马云，社会上有大量的风险投资，但是他们不看好传统行业，看不到办公家具的庞大市场，所以还没有风险投资找到中润。如果有风险投资肯投资中润，那他一定会让资本说话。

马云针对李书文的情况讲述了上述这番话。很显然，马云与李书文对资本的运用和管理有着不同的看法，李书文是想让资本说话，而马云却认为不要让资本说话，而应让资本赚钱。

在马云看来，让资本说话，就相当于受资本所困，被资本所羁绊。如果真的被资本所困，那么发展也就受限了。马云认为一定要设法跳出这个圈子，关键时刻舍弃资本。当淘宝和eBay展开激励竞争，抢夺国内市场时，马云可以放弃这场争斗，推迟阿里巴巴上市。

阿里巴巴上市无疑可以圈到更多的钱，但是，为了让淘宝网在竞争中占据上风，马云不但推迟了阿里巴巴上市的计划，还将一笔3.5亿元的资金追投到淘宝网并且计划继续进行追投。

马云推迟了获得更多资本的计划，就是为了将精力和资金放在淘宝网与eBay的竞争上。他要等淘宝网成为业内市场老大后，再攫取更多的资本。这是马云目光远大的表现，也是他不受资本所限，不让资本说话，让资本赚钱的体现。

阿里巴巴步入正轨以后，积累了大量资本，但马云没有固守着这些资本。他要让现有的资本带来更多、更大的利润，所以，他选择不断向前。

穷人和富人的一个重要差别就是表现在对资本的态度上。穷人往往选择固守手里的资本，舍不得投入，担心资本打水漂。而富人往往敢于出手，舍得投入。实际上，穷人是受了资本的支配，而富人则是支配了资本。

让资本赚钱本应是资本应有的作用，拥有资本，但要注意不要受资本所困、所累。做企业要像马云一样,将资本当作一个赚钱的工具,目光要放长远,心存更大目标,不将资本当作终极目标。只有这样,才能让资本发挥更大的作用,企业才会不断向前发展。

第14堂课
建立一支成功的团队

马云微语录

我觉得我的团队非常好。别人很难打垮我的团队，你可以打垮马云，打垮一个人，但想打垮一个团队，打垮我们的理想很难。

团队要有一个唐僧式的领导者

一支优秀的团队一定要有一个好的领导者，那什么样的领导者才算是好的领导者呢？马云认为唐僧就是一个好的领导者，只有这样的领导者才能带领出一个明星团队。马云曾这样说：

"唐僧是一个好领导，他知道孙悟空要管紧，所以要会念紧箍咒。猪八戒小毛病多，但不会犯大错，偶尔批评批评就可以。沙僧则需要多多鼓励。这样，一个明星团队就形成了。"

在马云看来，虽然唐僧除了念经外，什么都不会，但是他有一个坚定不移的信念，那就是无论多难，一定会取回真经的。正是在这一强烈信念的支撑下，唐僧凝聚起师徒四人的力量，历经九九八十一难，终于取回了真经。试想一下，如果没有唐僧的坚持，孙悟空等人怎么能取回真经？

马云自比不如唐僧，他认为，领导者要坚持自己的信念。就拿西天取经来说，领导者就是不管多大的危难，也要说我一定要取得真经，你们可以离开，但我还是会去的，这就是领导者。马云觉得唐僧这个领导者，哪个单位都有。你别看他不太说话，但他很厉害，只不过你没看出来而已。

马云希望能像唐僧一样对梦想保持坚定的信念，作为阿里巴巴这艘互联网巨轮的掌舵者，马云的信念是电子商务一定会影响中国经济，阿里巴巴一定会成为一个让世界瞩目的公司。在这样信念的支撑下，任何困难对于马云来说都是浮云，都无足轻重。

好领导不一定能说，能侃，能演讲，唐僧就没有这些特点，但他却是一个好领导。唐僧虽然不很能说，但很懂得怎样去领导一个团队，知道如何凝聚力量。

正如马云所说，孙悟空能力很强，但是经常犯错误，所以要管紧。但没有孙悟空，公司也没法干，所以要留住而不是赶走。猪八戒虽然好吃懒做，但很幽默，团队中需要这样的人。沙僧勤勤恳恳，任劳任怨，公司自然也需要这样的人。每个人都有自己的个性，唐僧式的领导者能让这样的团队协调合作，充分发挥作用，迈向成功。

在互联网激烈的竞争中，阿里巴巴能够在群雄角逐中杀出重围，脱颖而出，团队的作用是至关重要的，而领导者的作用更是重中之重。一个好的领导者的重要体现是能发现人才，善用人才。李嘉诚说过："用人是经商的一大学问，要招到自己喜欢的能人，重用有本事的人，让人才站出来，显示自己的才能。"马云创业之初就意识到了人才对企业发展的重要性，他在一次人才招聘会上讲道："对阿里巴巴来讲，期权、钱都无法和人才相比，员工是公司最好的财富。"

招到了人才还要用好人才,如何用好?那就是将他们放到合适的岗位,发挥他们的作用。唐僧派孙悟空降魔除妖,猪八戒协助孙悟空除妖,沙僧负责看管行李等财务,这样就人尽其才了,最大程度发挥出每个人的效用。"让一个人的才华真正地发挥作用就像是拉车,如果有的人往这边拉,有的人往那边拉,互相之间先乱掉了。我在公司的作用就像水泥,把许多优秀的人才聚合起来,使他们的力气往一个地方使。"马云如是说。

创业中,只有当好了团队的领头羊,才能带领团队攻克一个又一个难关,排除一切艰难险阻,成功取回"真经"。

别把飞机引擎装在拖拉机上

马云是个不折不扣的互联网技术门外汉,按他的话说他只懂得上网和收发电子邮件,连DVD怎么放都不知道,但这无碍于他将互联网企业做得风生水起,除了拥有独到的眼光和出众的洞察商机的能力外,超群的管理才能也是他成功的因素。

马云懂得人尽其才的重要意义,因此知人善任。金庸曾给马云题词:"善用人才为领袖要职,此刘邦刘备之所以创大业也。愿马云兄常勉之。"

马云正是认清了这一点,才从GE请来关明生做COO,从雅虎挖来吴炯做CTO,找来投资理财专家蔡崇信做CFO。事实证明,马云招来的这些贤士都是"物超所值"的。

用人是一门很深的学问,马云对此深有体会。在阿里巴巴创业早期阶段,马云求贤若渴,他曾对跟随自己一起创业的"十七罗汉"明确表示:

"你们只能做连长、排长，团长以上干部我得另请高明。"

马云在国内外聘请过很多行家，有哈佛的MBA，有来自世界500强企业的高级管理人员，但结果证明效果没有想象中那么好，发生了严重的水土不服的现象，马云形象地做了个比喻："好比把飞机的引擎装在拖拉机上，最终还是飞不起来。"

这句话什么意思呢？不是说这些招来的人不厉害，不是人才，恰恰相反，这些人都是IT界的人才，要不马云也不会重金聘请。之所以出现水土不服的现象，不是其他原因，而是这些人不适合马云给安排的职位。一句话，职位与人匹配不当。

"业界高手讲得头头是道，感觉真是很有道理，但结果却是讲起来全对，干起来全错！当时太幼稚，公司当时的发展水平还容不下这样的人。"正如马云所说，当时阿里巴巴由于发展速度过快，管理基础还没有建立起来，即使建立起来了，还存在诸多缺陷，很不成熟。这个时候，不管自身情况，急功近利招进来一批人才，一定会产生水土不服的现象。从表面上看，就是大材小用、大才无用。

通过这次教训，马云对于人才有了新的看法和认识，他认为，是不是人才，要看把他放在什么位置去做事，如果能适应这个位置，做出成绩，那就他就是人才；如果不能适应这个位置，做不出成绩，那么即使头上戴了再多的光环，对于阿里巴巴来说，也不是人才。

马云遭遇的这个问题实际上也是很多超速发展的企业都曾遭遇过的，在超速发展中，企业会新增很多部门或项目，如果外招的人才遭遇了水土不服现象而覆没后，领导者往往会迫于形势将一些不成熟或者并不适合这一位置的人火线提拔，推出来独当一面，这样做的后果就是导致企业新增部门或项目投入大，产出小，效率低下。

马云显然已经意识到了这一点，所以，即使在外招人才几乎全军覆没的情况下，马云没有着急火速提拔一些不成熟或者不适合某一岗位的人，而是直至找到适合这个岗位的人才，尽管有时候某个岗位空着，也绝不滥用。

人尽其才才有意义。什么是好？合适才好，如果不合适，即使再优秀，再厉害，也不是你所要的人才。

创业需要一个好的团队，好的团队应由各样人才组成。领导者要把好用人关，让人才各得其所，各尽其才，只有这样，才能避免马云所说的"把飞机引擎装在拖拉机上"的错误做法，也才能让梦想步步靠近。

既要留住人，又要留住心

人是创业的主体，以人为本是企业管理的核心，是管理的重中之重。优秀的领导者非常明白这一管理要旨。

杰克·韦尔奇是GE公司最富有传奇的总裁。他最初进入GE公司工作时，主要负责PPO材料的研制工作。这种新型材料的研制工作有一定的难度，但韦尔奇依然充满热情，克服了一个又一个技术难题，最后终于成功推出PPO材料。

由于功勋卓著，韦尔奇被视为GE公司最耀眼的新星，也成为众多化工公司眼中的不可多得的宝贝。韦尔奇也感到很兴奋，准备大干一场。但不久他发现GE公司存在着严重的官僚主义。韦尔奇是从公司的薪酬管理上发现这一点的。因为年底时，公司给韦尔奇加了1000美元的薪水，同时不管员工表现是好是坏，一律都加了1000美元的薪水。

这种不视差别的管理制度让韦尔奇感到很郁闷，他认为多劳多得，自己应该得到更高的薪酬，而现在公司却"一视同仁"。韦尔奇秉性耿直，他毅然向上司递交了辞呈。随后，一直很欣赏韦尔奇才华的一家国际矿物化学公司向韦尔奇伸出了橄榄枝。该公司人事经理表示，如果韦尔奇愿意加入他们公司，将会获得GE公司所给予他的两倍薪酬。

韦尔奇略作考虑后，答应了这家公司人事经理的应邀。就在韦尔奇在GE公司办理交接时，GE公司的副总裁加托夫从外地赶了回来。他是专门为这事赶回来的。之前他对公司这位新星早有耳闻，对韦尔奇做出的成绩感到非常满意。他意识到，如果失去了韦尔奇将是公司最大的损失，所以他在韦尔奇还没有辞职前急忙结束外地考察任务赶回公司，希望留住韦尔奇。

加托夫跟韦尔奇深谈了一番，极力劝他留在GE公司，并许诺给他以原先3倍的薪酬，还答应如果工作出色还有另外的奖赏以及赋予更高的责任。韦尔奇仔细考虑后，决定依然留在GE公司工作。

从这以后，韦尔奇在GE公司工作40年，并成为这家公司的总裁，带领GE公司不断披荆斩棘，最后成为全球企业500强的第一强。韦尔奇的人生跃上了最高层。

GE公司副总裁加托夫成功挽留住了韦尔奇，为GE公司雄踞全球企业500强第一强打下了最重要的人才基础。

企业领导者一定要有慧眼识英才的眼光和真心对待人才的态度，这样才能发现并留住那些可贵的人才，为企业发展做好铺垫，打好基础。

马云一直为阿里巴巴能拥有一支很好的团队感到很骄傲，在他看来，阿里巴巴的资产就是人。资产是有折旧的，会越来越不值钱，但人应该是越来越值钱的。五年、八年以上的阿里人，加上电子商务的经验，就是非常值钱的。

马云在人才的管理和留用上有自己的见解和做法。他曾说："你在开心的时候，把开心带给别人；在你不开心的时候，别人才会把开心带给你。"

思路很清晰，就是首先要舍，然后才能得，这是舍与得的辩证。马云深谙此道。当阿里巴巴上市后，初步招股说明书上写着：阿里巴巴总股本为50.5亿股，公开发售8.589亿股，其中阿里巴巴4900名员工持有B2B子公司4.435亿股。这创下了当时国内IT类上市公司最大规模的员工"造富"记录。

马云是阿里巴巴集团的创始人，却只持有阿里巴巴B2B子公司1.89亿股股份，持股比例不足5%，可以说是很低的。马云如此牺牲自我利益的做法是为了让利给股东和员工，按马云的话说就是"只有这样做，其他股东和员工才更有信心和干劲"。表现了他一贯高瞻远瞩的眼光和广博的胸怀。

留人要留"心"，"你想把别人绑住是绑不住的。绑得了人，绑不了心。要的是他心甘情愿留下。"马云如是说。确实只有心有所属，才会实心实意付出。如果用人不留"心"，即使人被留下了，也会出现"人在曹营心在汉"的现象，这就是得不偿失的悲剧。

当初马云决定从外经贸部离职回杭州创业时，对随同他来北京的团队说："愿意回去的，只有500元工资。愿意留在北京的，可以介绍去雅虎或者新浪，能有不错的工资待遇。"

马云选择开门见山地挑明情况，是因为他知道创业之路不那么好走，他要为对方着想。另外，马云深深明白"绑得了人，绑不了心"的道理，要想留住人就得让对方心甘情愿。

马云给伙伴们3天的考虑时间，但仅仅几分钟，伙伴们就已考虑好，决定跟随马云回家乡再次创业，这让马云感到非常高兴，引以为傲。

阿里巴巴有一位年轻有为的主管，在一段时间内心事重重。原来，有另外一家公司邀请他加盟，待遇比他在阿里巴巴的待遇好。这个年轻主管很纠结。他毕业后就被招入阿里巴巴。在阿里巴巴，他虚心学习，进步很快，不久就得到了重用。工作的这些年，他和同事相处和谐，也结识了很多业内精英和知名人士，可以说工作一直很充实开心。

如今，诱惑摆在面前，他难以取舍。就在这个年轻主管彷徨无措，拿不定主意时，中秋节到了，年轻主管忽然接到父亲打来的电话，告诉他，节日当天家里收到一盒来自阿里巴巴的中秋月饼，月饼盒中有一封马云亲自写的慰问阿里巴巴员工亲属的信。

年轻主管听后十分感动，他沉思了好久，终于想明白金钱对自己并不是最重要的，在工作中不断地提升自己要比金钱重要得多，而且能得到老板如此真心对待更是难求。年轻主管想通了之后，坚决地回绝了高薪聘请他的那家公司，安心地在阿里巴巴工作了。

信任，是留住员工"心"的一个重要前提。唐太宗说过这样一句话："为人君者，驱驾英才，推心待士"，意思是作为君王，如果想要让人才为己所用，就要对下属推心置腹，给予信任。马云也曾说过此类的话："创业的突破和挑战在于用人，而用人最大的突破在于信任人。"在创建淘宝网的时候，马云没有启用那些高大上的海归精英，而是将重担交给了孙彤宇，他相信孙彤宇能够承担起这个重任。事实证明，孙彤宇没有辜负马云的信任，给马云递交了一份满意的答卷。

创业者如果能做到时刻想着为员工分忧解难，设身处地地为员工着想，就能让员工找到一种归属感，从而热情工作，与企业同舟共济、患难与共，这对企业的生产和发展有着不可估量的重大意义，有助于梦想的实现。

清出团队中的害群"野狗"

企业管理和团队建设事关企业的生存,历来受到企业领导者的高度重视,并把很多精力也花在了这上面。

在国内,大多数企业在对员工进行考核时,都会注重对业绩的考核,企业领导者往往会对那些业绩好的员工情有独钟,而忽视甚至是漠视业绩之外的诸如工作态度、人品方面的考核。马云却恰恰相反,他在对阿里巴巴员工进行考核时,更注重的是对员工工作态度、人品的考核,相对放松对业绩的考核。

团队中有一类这样的人,他们可能业绩很好,技术过硬,管理水平挺高,但他们有才无德,企业价值观很差,并缺乏团队精神,不讲究服务质量,马云把团队中这一类人称为"野狗"。

在阿里巴巴员工考核中,个人业绩和价值观各占一半。员工被分为三种类型,一种就是上面说的"野狗"型,业绩好,个人价值观差。对于团队中的"野狗",马云的态度是一定要将之清除出团队,他说:

"业绩很好,价值观特别差,也就是每年销售可以卖得特别高,但是他根本不讲究团队精神,不讲究服务质量,这些人我们叫'野狗'。这些人对团队造成的伤害是非常大的。"

当然,善待犯错的人是对的,是应当获得支持的,但是对于像"野狗"一样的人,绝不要让他们破坏团队,损害公司利益,对他们要采取零容忍,一定要将之清除出团队,给企业发展扫除障碍,铺平道路。

第二种类型,是那些业绩差,但是个人价值观极佳的员工,这类员工被称为"小白兔"。对于这类型的员工,阿里巴巴会用心培养他们成长,争取让他们早日成长起来,成为一个行家里手,但是如果他们始终没有进步,那么最终也会遭到辞退。从情感上说,辞退"小白兔",是阿里巴巴不愿意做的事,但是为了公司的生存发展,一定要这么做。

第三种类型,是那些不但业绩好,而且个人价值观也极佳的员工,这类员工在阿里巴巴内部被称为"猎犬",他们是阿里巴巴的中流砥柱,受到公司的重用,不但会得到极好的待遇,还会得到最好的培训。

阿里巴巴的考核系统中,首要的就是有被称为"六脉神剑"的价值观。它是阿里巴巴文化的核心,是不可触犯的。所谓"六脉神剑"是指客户第一、拥抱变化、团队合作、激情、诚信、敬业。

显然这是一个以价值观为首要目标的考核体系。业绩不好,品德好,没有关系,公司给你机会,培养你。但是,如果品德不好,违背了公司的价值观,即使业绩再好,能力再强,那么对不起,也不行,必须离开公司。

为了保证阿里巴巴阳光交易,马云曾规定:公司永远不要给任何人一点回扣,如果谁违反了此规定,那么请离开公司。一次,马云听说一个员工承诺给客户回扣,马云立刻进行了调查。

原来,有一名员工为了这个季度业绩能够达到优秀,承诺给客户回扣。但是,这名员工平时业绩很好,曾获得阿里巴巴内部"销售之星"的称号。

给客户回扣的做法违反了阿里巴巴文化中交易要讲究诚信的原则,触犯了阿里巴巴的天条,必然为阿里巴巴所不容。事情调查清楚后,马云当天就让这名员工办离职手续。

虽然说人无完人,开除业绩好的员工有些可惜,但却是一定要这样做的，对此，马云认为，辞掉这样的员工很痛心，但还是要辞退。因为这种人没有用，他对团队造成的伤害是非常大的。

一次演讲中，马云说道："能力决定你所在的位置，品格决定你能在这个位置上待多久。"可见，马云对员工品性的看重。实际上，很多企业，特别是大企业也是非常注重员工品性的。蒙牛的牛根生就讲过："有才有德，提拔重用；有德无才，培养使用；有才无德，限制录用；无才无德，坚决不用。"这与马云的用人观点不谋而合，只不过马云做得更彻底些。

企业最大的财富是人，而不是钱。企业管理中也讲究以人为本，因此，企业要有一个好的团队，没有一个好的团队，企业不可能走得长久。而一个好的团队，必定有着正确的价值观，"野狗"型员工犹如害群之马，对团队有着非常大的破坏，影响到企业的长治久安，因此，一定要毫不手软，将他们清除出"队伍"。

聘用一名优秀的财务主管

财务主管在一个团队中的地位举足轻重，对于企业的生存发展有着至关重要的影响，正由于此，财务主管成了现代企业中重要的部门主管之一，在企业决策层中占据重要地位。可以毫不夸张地说，企业的一切重大决策都与财务主管有关，因此，财务主管的素质和能力就显得至关重要了。

一名优秀的财务主管应具备的素质主要包括道德素质和知识素质两方面。道德素质自然十分重要，它通常要求财务主管作风正派，有敬业精神，对企业保持忠诚等。知识素质也是非常重要的，企业财务管理是一项专业性很强的工作，作为企业财务部门的领导，财务主管一定要具备一定的财务专业知识，这样才能做好企业的财务管理工作。

另外，由于财务主管还要参与到企业决策中去，所以优秀的财务主管还要具备一定的组织能力、沟通协调能力和分析判断及用人能力，这样才能为企业发展提供科学合理的建议。

作为世界级的大型互联网公司，阿里巴巴的财务工作复杂繁重，需要优秀的财务主管来管理财务工作，马云非常清楚这一点。他坦言道："我也不懂财务，我请一个很好的财务来管，让他算得清清楚楚。"

实际上，从创业时起，马云就一直在寻找合适的财务主管，公司最初的财务主管是由马云的合作伙伴彭蕾来担任的，但彭蕾毕竟不是学财会出身，因此马云一直在寻找合适的人选，特别是随着阿里巴巴的发展越来越规模化，马云的这种渴求更加强烈。

多年以后，马云终于找到了他最满意的财务主管，那就是来自瑞典著名投资银行的副总裁蔡崇信。他把蔡崇信拉来当了阿里巴巴的财务总监，全面负责阿里巴巴集团的财务管理。

蔡崇信持有耶鲁大学经济学学士及耶鲁法学院法学博士学位，有很强的法律和财务背景。阿里巴巴刚成立时，他就被马云发现并拉来做首席财政官，也就是CFO。蔡崇信的到来，使阿里巴巴真正规范化运作起来。

阿里巴巴刚刚成立，蔡崇信将18份完全符合国际惯例的英文合同，叫马云和另外十七罗汉签字画押。他以正式合同的形式，将最初十八罗汉团队的利益绑到了一起。这是至关重要的一步，阿里巴巴因此而得以将最初的创业激情和团队文化一直维系下去。

在阿里巴巴的发展过程中，蔡崇信充分发挥所长，将公司的财务账目处理得清楚明晰，经得起任何人的核查。同时，他参与到阿里巴巴集团的许多里程碑事件中去。不夸张地说，如果没有蔡崇信的加入，阿里巴巴不会走得这样顺利，可能会是一个家族企业，会一直以"感情""理想"和"义气"去维持团队。因此，蔡崇信被称为阿里巴巴集团的"隐英雄"。

马云认为，制定战略有两个核心的东西，一个是人，另一个是财，人是尤为关键的。在整个创业过程中，团队非常重要，有了团队就能管好钱，规划好产品。而只抓了钱，如果财聚人散，问题就大了。所以，马云认定CEO的艺术在于在人、财、物三者之间寻求平衡。

另外，马云虽然不精通财务管理，但他从宏观层面出发，认为公司财务主管和公司的执行官两者不能"相混"，他曾说："天不怕，地不怕，就怕CFO当CEO。"

在马云看来，财务官兼任执行官或执行官兼任财务官，都会对企业造成非常大的损害。两者各负其责才是正确的。

如果你的企业做大了而你又不擅长财务管理，那么请记住，一定要请一名优秀的财务主管来替代你管理公司财务，这非常重要，它关系到你的公司能否获得长久稳定的发展。

第15堂课
努力做一个好的领导者

马云微语录

创业者也许有多重身份，但重要的就是要有领导身份。领导者的意义在于不是一个人把所有的事情都做完，也不是把所有的事情你都交给别人干。创业路上，创业者们不要做孤单英雄。

企业管理者要关注细节

细节决定成败，这个说法丝毫不夸张，老子曾说："天下难事，必做于易，天下大事，必做于细。"历史上因为细节问题导致失败的事例很多。成语"千里之堤溃于蚁穴"说的也是要注重细节这个道理。

黄河岸边有一个村庄。为了防止水患，村民们在岸边筑起了长长的堤坝。筑好的堤坝看上去很厚，很结实。一天，一个村民在堤坝的两面发现了几个蚂蚁洞，他想：这些蚂蚁洞会不会影响堤坝的安全呢？他做不出决定，于是赶紧回到村里报告。

路上恰好遇见了他的儿子，他就把情况跟儿子说了。他的儿子听后很不以为然，对他说："几个蚂蚁洞能成什么气候？那么厚的堤坝还能怕几个小小的蚂蚁洞，用不着这么大惊小怪。"过了几天，这个村民发现堤坝上的蚂蚁洞猛增了很多，他很担心，但是想想儿子的话，也就没多想，更没采取什么措施。

一天夜里，风雨大作，雨水似从天上泼下来，一时间黄河水暴涨。咆哮的河水逐渐从蚂蚁窝渗透过来，时间一长，水流渐大，很快喷涌而出，终于冲决堤坝。咆哮的河水瞬间将岸边的田野和村庄淹没。

小蚁穴终于毁掉了大堤坝，细节问题终于演变成了大问题。明智的人从来都不会对细节问题视而不见，因为他们知道，从来没有真正可以让人忽略的细节问题。

对企业的各种属于细节的"小问题"绝不要忽视，一定要正视，并且正确处理，防止"小问题"演变成"大问题"，防止"千里之堤溃于蚁穴"的悲剧再演。

马云认为，随着企业越做越大，讲话也要越来越实在，越来越细。真正优秀的CEO和大企业领导者，他们讲东西都很细。小企业有大的胸怀，大企业要讲细节的东西。

创业者要想使企业在市场竞争中站稳脚跟，发展长久，做大、做强，就一定要注重细节，小细节往往藏着大的危机。

历史上，飞龙、巨人、三株、太阳神等企业都曾经是"千里长堤"，威名赫赫，但也都毁于"蚁穴"，仅仅三五个月，就轰然倒塌。积小患而成大疾，终于不治而亡。

世界首富比尔·盖茨曾说过这样一句话："企业距离破产永远只有18个月。"马云也常引用这句名言。从管理层面上看，越是大企业，这类毁于蚁穴的事件发生的概率越大。因为企业一大，就容易忽视小事，小事没有人关注，没有人做，或者做不透，危害就由小慢慢积累变大，如果还任由其发展，总有一天会酿成大患的。

马云非常清楚这一点，所以他要求阿里巴巴的员工，特别是高管一定要重视细节问题，不给其发展成大问题的机会，他曾说："建立起相对稳固地基的大企业，要重视客户、市场、下属一线员工及团队的细节合作。"

在马云看来，不仅仅大企业要重视细节问题，小企业更要注意，因为相对来说，小企业更经不起失败，他强调："小企业更要重视细节，做正确的事，也要正确地做事。船小好调头，但船小，也死得更快。"

2014年9月11日，在杭州中小企业峰会上，科比和马云展开一场对话。马云问科比："在这两个赛季之间，你的领袖能力有什么不同吗？""一直以来我们都强调球队的乐趣和团队的氛围。去年我们的更衣室很有乐趣，今年也是如此。但在融洽之余，今年我们还灌注了紧张感和专注的心情。"科比答道。接着他又说了一句很有深意的话：

"迈克尔（迈克尔·杰克逊）很专注于细节，对每一个音阶都很专注。一分钟便能扭转乾坤。"

轮到科比问马云，他问马云是如何白手起家的。马云说："重要的是我们每个人都有一个梦想，更重要的是都要相信这个梦想能够成功。整个团队需要相互鼓励，永不言弃。要做好每个细节尤为重要。"

从这场对话中可以看出，科比和马云都非常看重细节问题，都认为注重细节是取得胜利的必备法宝。

通常情况下，梦想都是高远的，但是梦想不能脱离小事而存在，作为企业的管理者一定不能忽视细节，只有处理好了细节问题，才能为解决大问题扫清障碍，变歧路为坦途。

创业阶段，很多方面都还不成熟，问题诸多，如果不注重细节的处理，可能就会因小失大，让蚁穴毁掉长堤。因此，要谨记马云所说："在追求理想的路上，我们只有专注于每一件细节小事，才能保证每天都会进步。"

逆境的时候要表现出领导力

火车跑得快，全靠车头带。领导在企业中的作用就相当于火车头，要冲在前面，并要把好方向，这样才能让企业这列火车走得快、走得稳。

企业处于顺境的时候，领导的作用不容易被看出来，但是在逆境的时候，就很容易看得出来。诚如马云所言："领导力在顺境的时候，每个人都能发挥出来，只有在逆境的时候，才显示出真正的领导力。"

索尼彩电在亚洲销售业绩良好，但是到了美国，却一下子变得"默默无闻"起来。索尼公司的国外部部长没有办法，只好降价促销，没想到依然无人问津。那段时间，这位部长十分郁闷，他苦思良久，但依然找不出任何解决的办法。

索尼总部重金请来了卯木肇接替国外部部长职务。卯木肇来到美国后，发现索尼彩电都被摆放在普通的商品小店里当作廉价商品出售，卯木肇经过调查，终于发现索尼彩电之所以在美国严重滞销的原因，是因为索尼公关部竟然没有和美国任何一家电器销售商有过联系，更别说是合作了。

卯木肇决定从芝加哥最大的电器销售商马西里尔公司打开突破口。由于马西里尔公司实力强大，久负盛名，卯木肇三次要求面见马西里尔公司的经理，都被对方拒绝了。

卯木肇不肯放弃，又去了第四次，这次那个经理终于肯见卯木肇了，但是他对卯木肇却很冷淡,卯木肇没有在意。按照那个经理的要求,卯木肇把摆放在小店里降价出售的彩电全部取回,并刊登广告,以重新塑造索尼彩电的形象。

做完这些后,卯木肇又去见那个经理。这次那个经理又以索尼彩电售后服务不过关为由拒绝销售索尼彩电。卯木肇又按照那个经理的意见,筹建了索尼特约维修部,并向客户保证,维修人员保证随叫随到,热情服务。

当卯木肇再一次见到那个经理时,又被告知索尼彩电没有知名度,他们不能销售。卯木肇十分生气,他回到索尼公司在美国的销售总部后,立即让公司员工每人每天向马西里尔公司至少打5次电话,内容是要求其购买索尼彩电。

马西里尔公司经理很快知道了这件事,他把卯木肇叫来,当面严词责问。这一回卯木肇没有像上几次那样低声下气,而是据理力争,他把索尼彩电的种种好处讲给那个经理。最后,经理终于答应试销两台索尼彩电。

卯木肇回到公司后,立刻安排两名业务经验丰富的销售员和马西里尔公司的工作人员一起销售索尼彩电。试销的结果令人十分满意,没过两天,两台索尼彩电就被销售出去,这样马西里尔公司经理终于答应了销售索尼彩电。

卯木肇在逆境的时候临危受命,依靠自己的努力终于打开了索尼彩电在美国的销路,随着索尼彩电被越来越多的人认可,索尼彩电在美国市场逐渐站稳了脚跟,并具有了一定竞争力。

马云也是个能够独当一面的领导者,他遇事沉着冷静,不慌不忙,面对棘手问题能够做到妥善处理,并化不利为有利,十分可贵。

阿里巴巴成立初期,资金严重短缺,马云虽然内心焦急,但是却急而不慌,他到全国各地演讲,参加各类聚会,约会各路投资人,最终成功为阿里巴巴拉到了投资。

在阿里巴巴遭遇"非典"袭击，总部被封闭的时候，马云急中生智，将集中办公变为在家中办公。其间，马云还采取多种手段疏解员工的郁闷情绪，最终不但平稳渡过危机，还让阿里巴巴的业绩提升五六倍，可谓奇迹。

马云在处理棘手的内部事务，如在面对雅虎中国员工和原阿里巴巴员工的矛盾时，他采取大事化小、小事化无的方式减少矛盾，同时，还采取安抚手段疏解员工的不满情绪，最后成功消解矛盾。

作为能够独当一面的领导不是那么容易的。既要有胸怀，还要有能力；既要能上，还要能下，如此才能左右逢源。

对于创业者来说，由于很多环节尚未打通，遇到的问题将会更多、更棘手，因此，更要求领导者要具备非凡的领导力，在解决困难中不断提高自己、磨砺自己，才能做到一路向前。

机会多的时候要抵制住诱惑

很多时候，决定创业成败的不是能否发现和把握住机遇，而是能否在机会多的时候抵制住诱惑。马云十分清楚这点，他说道："一个公司在两种情况下容易犯错，第一是有太多钱的时候，第二是面对太多机会的时候。"

经济活动的规律告诉我们，机遇的背后往往蕴藏着风险，在抓住机遇的同时，也留下了机遇背后的风险。机遇、风险，孰强孰弱，关键在哪里？一个企业在拥有了一定的资金、技术和团队之后，能否审时度势地评估风险与收益往往决定了创业的成败。

诸多事实已经有力证明,所有失败的企业几乎有一个共同的原因,那就是没能抵挡住诱惑,在抓住机遇的同时,没能躲过其后面的风险,最后导致创业失败。

马云认为,CEO的主要任务不是寻找机会,而是对眼前的机会说"不",正是基于这样的认识,阿里巴巴创建之初,马云就告诉阿里巴巴员工要有一种踏踏实实的工作态度。这一时期,阿里巴巴蜗居江南一隅,默默无闻,很少有人知道杭州有一家叫阿里巴巴的电子商务公司。

但是在当时,国内正处于互联网创业的高涨期,业内到处喧嚣一片。互联网行业充满着赚钱的机会,这是当时大多数人的共识。为了攫取更多的利润,很多互联网企业砸重金做宣传,一份权威调查报告显示,1999年到2000年,国内互联网企业的广告费接近2亿人民币,电视、报纸、电台、杂志莫不成为互联网企业的广告媒介。

面对这甚嚣尘上的广告大战,马云和阿里巴巴却按兵不动,没有加入到这如火如荼的广告大战中去。为什么马云和阿里巴巴按兵不动?难道马云面对诱惑不动心?后来,马云对此回答:"我们在闭门造车。1999年回到杭州以后,我们商量决定,6个月内不主动对外宣传,一心一意把网站做好。"

面对机会和诱惑,马云沉住气,对机会和诱惑说"NO"。因为,他知道踏踏实实做好企业才是第一位,以后有的是机会赚钱。只有不断提高自己的实力,才有可能超越对手,笑到最后。

2002年年底,互联网寒冬过去了,互联网行业又迎来了新一期的繁荣景象,一些规模大的互联网公司开始盈利,同时,一些有着很好市场前景的项目也渐露端倪,其中短信、游戏是被业内一致看好的项目。

此时,阿里巴巴已经初具规模,网商用户已经超过了400家,无论马云投资短信业务,还是投资游戏,都能赚到很多钱。面对伸手就可以抓到的机会和金钱的诱惑,马云却没有丝毫犹豫地推开了,依然坚持他的电子商务。在后来的一次演讲中，马云说道：

"我相信，如果我当初投入游戏一定会赚钱，但是游戏不能改变中国，游戏不是我们的使命，不是我们想做的事情。在网络游戏领域，全世界最强大的国家是美国、日本和韩国，但他们没有鼓励自己国家的人玩游戏，中国无数家庭也开始阻止孩子玩游戏。

当时我觉得电子商务要5年以后才能赚钱，所以我这个决策非常难，那个时候，如果想赚钱，还可以进入短信领域。"

正是由于马云抵制住了诱惑，坚持最初的梦想不动摇，才有了阿里巴巴辉煌的未来，也才有了国内如此成功的电子商务。

从一个毛头小子到睿智的互联网大亨，马云遭遇了各种机遇和诱惑。面对诱惑，他始终保持清醒的头脑，分清哪些是真正的机遇，哪些是毁掉前程的诱惑。对于真正的机遇，马云毫不犹豫地抓住，而对于那些不合时宜的机会，马云依然将之推开，继续前行。

创业者要踏实走好每一步，辨明方向，避免在诱惑和机会中迷失自我。

沉住气，才能成大器

盛大网络董事长兼首席执行官陈天桥是复旦大学高才生，因为成绩优秀，获得了提前毕业的资格。虽然提前毕业，却被分配到陆家嘴集团公司负责放宣传片。这似乎不是名校毕业生应有的待遇，因此，刚开始工作时，陈天桥感觉自己很受伤。

不过，陈天桥很快意识到，这个枯燥的工作可能是磨炼自己意志的最佳机会。于是，他静下心来，利用空闲时间读了很多书，进一步完善了自己的知识结构。

终于，翻身的机会来到了。陆家嘴集团下属一家企业有个干部挂职锻炼的机会，集团决定委派陈天桥担任那家企业的副总经理。

在挂职锻炼期间，陈天桥利用在高校学到的知识和在宣传室练就的脚踏实地的工作作风，将手里的工作处理得十分妥当，使工作在稳中有序中得到推进。

这段经历磨砺了陈天桥的心智，为他之后的创业提供了宝贵的经验，让他受益匪浅。

陈天桥并没有因受到不公待遇而灰心丧气放弃进步，而是沉下心来学习，丰富自己，完善自己，等有了可以施展的机会，才大显身手，创造辉煌。

马云也是个非常沉得住气的人，无论是面对诱惑，还是面对危机，马云都沉得住气，他说：

"人生自有沉浮，当我们遇到突发事情时，要沉住气，做到猝然临之心不惊，以冷静的态度应对；当目标没有达成时，要沉住气，学会忍耐，等待机遇，继续努力；当遇到挫折或者失利时，要沉住气，心态平和，靠毅力咬紧牙关。记住：能够沉住气，才能成大器。"

马云堪称见过大世面的人，也见惯了大风大浪。2003年，一场突如其来的传染性疾病让全国上下陷入了恐慌之中，这就是世人谈之色变的

"非典"。

这年4月11日,一位阿里巴巴女员工受公司委派飞往广州参加广交会。那个时候,广州属于"非典"的重灾区。这位女员工在广州待了整整一个星期。

回到杭州3天后,这名女员工出现了感冒症状:鼻塞、咽痛、流涕。在休息了一周后,这些感冒症状依然没有消除。这种情况下,她又回到公司上班,几天后,她开始发烧,第二天,她前往医院发烧门诊诊治。但是,她很快高烧到了39.1度。

5月5日,经过院方专家会诊,她被诊断为"非典疑似病例"。7日晚,她由"非典疑似病例"转为"非典临床诊断病例"。至此,这名女员工成了浙江省第四例非典型性肺炎临床诊断病例。

一石激起千层浪,非常时期,非常措施,杭州市政府迅速把阿里巴巴本部列为重点防范对象,公司办公区域被完全封锁,员工也都被隔离在家,一时间,阿里巴巴处于风口浪尖上,随时面临瘫痪的风险。

困难和压力像山一样向马云和他的管理团队压来,马云一方面要向这名女员工的家属道歉,另一方面还要给本部所在办公大楼的其他公司解释。

在给阿里巴巴员工的道歉信中,马云讲道:

"阿里巴巴肯定存在很多不足之处和漏洞,这些问题我们会在灾后认真反省!作为公司负责人,我很想承担所有责任,如果可以的话。但理智告诉我,现在还不是指责、埋怨的时候,今天我需要和大家一起共渡难关,迎接挑战!一家由年轻人组成的年轻公司,经过这次(危机)我们定会很快成熟,让我们共同为那位生病的同事祈祷,祝福她早日康复。"

阿里巴巴绝不能由此瘫痪，在做好员工的安抚工作后，马云快速做出决定——所有员工在家里办公。仅仅3个小时后，500名员工就安排妥当。每个员工各自在家里安装好电脑宽带，开始在家办公。

马云及其管理团队在网上遥控指挥，遥控管理。马云亲自参与到公司这种新的交流方式中。

管理并不只是简单地让员工增加工作时间，提高工作效率，而是让员工能够融入企业之中，与企业一起成长。

为了解除单身员工被隔离时的心理问题，马云利用网络组织了几次公司范围内的卡拉OK比赛，而且还叮嘱其他管理者一定要做好员工的心理疏导。

马云的这些决策很快显出奇效。在整个"非典"肆虐期间，阿里巴巴不但保持了日常工作的正常运转，更为可贵的是，还创造了激增5～6倍业绩的奇迹。

在抗击"非典"危机的过程中，阿里巴巴管理团队和普通员工的辛勤努力以及默契配合起了至关重要的作用，其中马云应对危机的能力和沉着稳健、遇事不慌的大将之风，给阿里巴巴员工留下了深刻印象，是他们在危机时候依然高效工作的最强大的精神支柱。

"在共同面对SARS挑战的同时，我们没有忘记阿里人的使命和职责。灾难总会过去，而生活仍将继续，与灾难抗争并不能停止我们继续为自己钟爱的事业奋斗！"马云如是说。

从这段充满自信，充满激情的话中，可见马云面对困难永不屈服的决心和信心。

无论什么时候，困难都是有的，而且往往不期而至，所以一定要保持一颗坚韧的心，当困难来临时，沉住气，积极应对，找到合适的解决办法，才能够越过障碍，迈向成功。

领导者要有眼光、胸怀和实力

马云大学毕业后，进入杭州电子工业学院教书。当时，杭州电子工业学院有1个正院长，5个副院长。一次，学院分房子，5个副院长中4个副院长都争先恐后地去抢，只有那个最年轻的副院长不去抢。

马云好奇地问他："105平米，那么好的房子，您为什么不去抢？"那个年轻的副院长说："我今年只有43岁，其他几名副院长都已经50多岁了，可能赶的是福利分房的末班车，我以后还有的是机会。"

在马云看来，这就是眼光。后来，这个年轻的副院长先是当上了厅长，然后又当上了副省长，佐证了马云对副院长眼光长远的评价。

在马云看来，领导者的眼光、胸怀和实力是关键的。他说："领导者的眼光放不开是不行的。很多时候，比赛比的就是眼光，比谁看得更远。一定程度上，谁的眼光看得远，谁就能走得越远。如果你看见的都是别人也看见的东西，那你是不可能成功的。"

有眼光的人能看出差距，马云曾打比方，你家的房子是你们村里最高的，你觉得自己很牛气，但是如果你跑到上海去看，估计你会吓一跳，原来房子可以盖得这么高。再如果跑去纽约一看，估计会被吓晕过去，原来房子还有这么高的。

2003年，淘宝和eBay激烈争夺国内市场时，整个中国的互联网用户约有8000万，eBay拥有四五百万用户，便自认为已经占有了90%以上的市场，而淘宝则专注于7500万没有在网上购物的人，结果淘宝完胜eBay。

"诚信通"是阿里巴巴2002年为从事国内贸易的中小企业推出的会员制网上贸易服务媒介。当时，国内约有4200万家中小企业和个体经济，其中约有2000多万家具备成为"诚信通"会员的条件，而"诚信通"只做到了20万家，比重只占到1%，可以说市场前景非常大。马云看出了"诚信通"的广阔发展空间，致力于"诚信通"的做大做强，以图走得更远。

马云是个金庸迷，他曾与金庸探讨《笑傲江湖》，想通过与偶像探讨江湖，了解做企业的人中什么人能笑得爽朗？什么人能傲得起来？探讨的结果是有眼光、有胸怀、有实力的人才能笑得爽朗，笑得有底气。

马云说："想要笑傲江湖，就要眼光犀利、胸怀开阔。"那么，怎么样才能有眼光呢？马云认为，人要想有眼光，读万卷书不如行万里路，要多看，多跟高手交流，才能发现差距，距离不可怕，可怕的是不知道距离。发现了差距，眼界就开阔了。

除了要有眼光，有胸怀也是非常重要的，在马云看来，一个人有眼光没胸怀，是很倒霉的。他拿《三国演义》里东吴军事统帅周瑜做例子，说周瑜就是个眼光很厉害，但是胸怀却很小的人，最终被诸葛亮活活气死了。

企业要用各种各样的人，有一些人才脾气很古怪，作为领导者要有容纳千军万马的胸怀，这样才能收纳各类人才为企业服务。马云告诫企业领导者："作为领导，你一定要明白，每个领域都有比你更懂的人。我下面的副总一定比我聪明，因为他90%的时间都在思考如何做市场推广，我要装作比他能干是不可能的。所以，领导者要有包容的胸怀。"

另外，马云认为，除了眼光和胸怀，领导者的实力也是非常重要的。他说："想要傲得起来，就一定要有实力。要不人家一巴掌过来，你被拍到5米开外了，再傲也没有用，所以一定要有实力。"

如果企业有了这么一个具备了眼光、胸怀和实力的领导者，相信企业会逐步壮大，不但会在激烈的市场竞争中站稳脚跟，而且还会不断取得发展，取得突破。

第五篇
谈成功哲学：努力成为1%的成功疯子

马云说：

　　人生是一种经历，成功在于你克服了多少困难，经历了多少灾难，而不是取得了什么结果。我希望等到七八十岁的时候，跟我孙子说的是我这一辈子经历了多少，而不是取得了多少。

终极目标

财务自由

打工者的终极目标是实现财务自由。

在纳斯达克上市

创业者的终极目标是自己的公司能够早点上市。

替谁打工

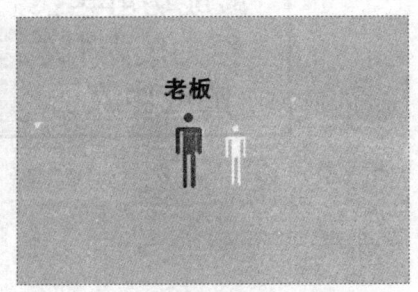

影响打工者前途的只有老板。

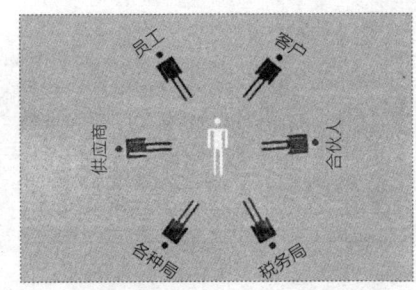

影响创业者前途的是一大群人。

看问题的角度

打工者是平面思维模式,一般只从自己的角度看问题。

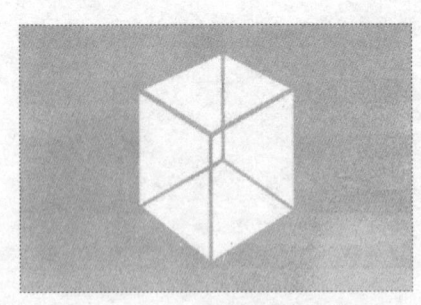

创业者则是立体思维模式,要从各个角度看问题,方方面面都要考虑周全。

第16堂课
不要忘记最初创业时的梦想

马云微语录

你不能太在乎别人对你的看法,太在乎自己的包装,沉浸在自己所谓的成功里面,忘记自己本来想要做什么,走到后面然后又改回来。

不能沉浸在所谓的成功里面

北美人抓猴子有一个巧妙的办法,就是将一个瓶颈比较细的瓶子绑在一棵树上,瓶子里放入一些猴子爱吃的食物。猴子被吸引来了之后,看到自己喜欢吃的食物,自然将手伸进瓶子里拿。因为"拳头"变大了,通不过细小的瓶颈,然而猴子不肯松手,于是人们就将它轻易地捉住了。

猴子是愚蠢的,它完全可以松开手而脱身,但它就是不肯放弃到手的东西,从而使自己成为人类的猎物。猴子自然不明白这个道理,但是人类应该明白,不能沉浸在所谓的成功里面,因为这样的成功不算真正的成功。

半途而废是创业忌讳之一,这里的半途而废不是指创业失败,而是指停滞在一个小成功里面出不来,戛然止步于最初的远大梦想实现之前。

盛大网络创始人陈天桥针对这种情况说过一段富有智慧的话:"当每

天收入到100万元的时候，我觉得它是诱惑，它可以让你安逸下来，让你享受下来，让你能够成为一个土皇帝。当时，我们只有30岁左右，急需一个人在边上鞭策。就像唐僧西天取经一样，到了女儿国，有美女、有财富，你是停下来享受还是继续去西天取经？我们希望有人在边上不断地督促，你应该继续去取经，那才是你的理想。"

乔布斯是美国苹果电脑公司的骄傲，但他也曾有败走麦城的时候。电脑自从发明以来，价格昂贵，是一些大型机构的独享品，普通消费者根本买不起。鉴于此，在创建苹果电脑公司之初，乔布斯抱定这样一种观点：一定要把昂贵的电脑变成普通人消费得起的产品。

事实证明，乔布斯成功地践行了自己的这一理想，他成功地把当时蓬勃发展的科技和自己的销售方式结合起来，在极短的时间内创建了苹果公司的电脑王国。它生产出苹果个人电脑，取代了之前那些机型大、价格贵的传统电脑。

苹果个人电脑一上市，白领精英们争相购买，很快风行起来，一时间，苹果电脑几乎垄断了美国新兴的电脑市场。乔布斯被当作了英雄人物，到处传扬。成功似乎来得有些容易，乔布斯渐渐被成功所带来的各种荣耀所麻醉，放慢了进取的脚步。

此后的几年，苹果公司依旧独大，在这期间，蓝色巨人IBM公司宣布进军个人电脑制造和销售领域。乔布斯似乎没有当回事，而且还一连犯了几个很严重的错误。

IBM积极研发个人电脑技术，虽然最终在技术上它还不能和先进的苹果电脑比拼，但它却有一个苹果电脑所不能比拟的优点，那就是它的电脑可以和任何机器兼并，并可以使用当时先进的软件，使用IBM的用户越来越多，最终IBM成功逆袭，取代了苹果电脑市场老大的地位。

苹果公司市场竞争失利的一个重要原因，就是由于创始人乔布斯被过去的成功冲昏了头脑，失去了对市场的敏感性，裹足不前，致使公司处于竞争不利的局面。

成功是需要不断迈步向前的，一个创业成功的企业家说："当你经过千辛万苦使你的产品打开市场的时候你最多只能高兴五分钟，因为你若不持续努力，第六分钟就会有人赶上你，甚至超过你。"

马云曾说过这样一句话："人永远不要忘记自己第一天创业时的梦想。"言外之意就是人不能被一时的成就所迷失，沉浸在一个小小的成功里面出不来。

当初，马云率领淘宝网团队经过多方努力成功打败了行业大鳄eBay，当时来看，这个成绩是巨大的，因为eBay是行业巨头，有着十分雄厚的实力。淘宝网刚刚创建，在资源、资金、制度等方面落后于对手，但却以小博大，以弱胜强，创造了一个行业奇迹。

很多人认为，马云及其团队应该会因这份成功得意忘形、欣喜若狂，但是马云和他的团队没有像人们想象的那样，更没有沉浸在成功里拔不出来。

在马云看来，淘宝网之所以能够战胜eBay，不是因为本身有多牛，有多厉害，而是因为对手的失误造成的。因此，淘宝网的这次胜利带有幸运的成分。淘宝网的真正强大之路还很漫长，需要再接再厉，不能就因此满足，更不能就此止步。

为了告诫自己，也为了告诫团队，阿里巴巴距离成功还很遥远，马云说：

"我没有成功，我觉得我们远远没有成功，我们还是个很小的企业，我觉得最大的经验就是千万不要放弃，要勇往直前，而且不断地创新和突破，突破自己，直到找到一个方向为止。而且我觉得还有更重要的一点，我们今天面对未来的信心来自于我们前五年的残酷经验，我们坚信明天更加残酷。"

如果创业者沉浸在小的成功里面出不来，就会故步自封，成为井底之蛙，停止前进。社会飞速发展，变化日新月异，停滞不前无异于作茧自缚，最终只能遭到淘汰出局的结果。

努力成为1%的成功疯子

"这是偏执狂才能成功的时代，只有偏执狂才能生存！"这句话出自英特尔创始人、董事会主席安迪·格鲁夫的著作《只有偏执狂才能生存》。

安迪·格鲁夫是个传奇人物，他是一位匈牙利出生的犹太裔美国企业家，他参与英特尔公司的创建并主导了公司在1980年到2000年间的成功发展。1998年，安迪·格鲁夫当选《时代周刊》年度世界风云人物。

在企业管理方面，安迪·格鲁夫是个强硬派，《只有偏执狂才能生存》就很好地表现了他的这个企业管理理念。在他看来，只要涉及企业管理，就要相信偏执才能战胜一切。他说，企业越是成功，关注的人越多，被攻击的可能性也就越大。管理者只有以偏执狂的姿态去思考方方面面的事情，才能很好地保护自己，打击对手。

无独有偶，马云做事就有这种偏执基因，外在表现就是一种疯劲儿。想法"疯"，行为"疯"，刚一接触互联网，就想办个互联网公司，在遭到24个人中有23人反对的情况下，毅然决定不改初衷。在和互联网行业巨头eBay竞争的时候，敢做出让客户免费使用3年的承诺。在孙正义投资3000万美元给阿里巴巴的时候，马云不近人情地予以拒绝。

更让外人直观感到马云疯劲儿的是他狂妄的语言，他曾口出狂言："打着望远镜都找不到对手，国内没有人是我们的对手，我们的对手在国外，没有人可以挖走我的团队……"

因此，许多媒体给马云冠以"狂妄、执着、疯癫的互联网精英"的称号，马云对这个称号也不予否认，可能他似乎也认同自己有这一特质。他曾说：

"我记得是 *Time Magazine*（《时代周刊》）首次把我说成疯子的，批评我的想法不切实际。我当然不觉得自己crazy（疯狂），只是think differently（想法不同）。你看，没有信口雌黄，我已经把所有被喻为'疯狂'的想法做到了。"

正如马云在演讲中所说，他没有信口雌黄，而是将所有"疯狂"的想法都变为了现实。他说他想利用互联网公司赚钱，他做到了；他说让客户免费使用淘宝网，他做到了；他说让阿里巴巴每日盈利100万元，目标实现了；他说打着望远镜也找不到对手，确实也是实情；他说让阿里巴巴成为一个伟大的公司，目前，阿里巴巴正朝着这个方向努力。像这样说到做到的例子，发生在马云和阿里巴巴身上还有很多。就是这样，马云在不断实现让自己的疯话变成现实。

实际上，马云内心是非常谦卑的，他的疯狂是表面的，这源于他狂热的梦想和强大的自信以及强烈的社会责任感和做事的无比专注。他在努力成为那1%的成功疯子。

一项调查表明，在现代所有创业的人群中，只有1%的人创业成功，马云无疑是这1%的人中的佼佼者。马云在《CEO的本事就是会用别人的脑袋》中说：

"有人说，我的公司是一个疯子公司，我承认。他们说中国99%的公司都不是像你的这样。我觉得我们愿意做1%，因为成功的人都是1%。

我希望在公司里面能够形成一种企业的belief（信念）。有一批优秀的同事相信通过自己的努力，能够不断地创造价值。加入我们公司的人我不能完全保证，但是我希望有70%的人坚信我们可以让中小企业生存、成长和发展。我们坚信年轻人到我们的公司走的是正道。"

今天，人们已经习惯了阿里巴巴的强大，已经知道阿里巴巴是中国著名的网站之一，但是在10年前，当马云在长城上喊出这个口号时，当马云激情洋溢地对十几个创始人描绘阿里巴巴未来的辉煌时，又有多少人相信呢？可能除了与他风雨同舟的伙伴外，其他人都把马云当作了疯子。

不可否认，创业者要想创业成功，是需要那么一点疯狂劲儿的，正如马云所说的，创业者都是疯疯癫癫多一点，这种疯癫来自一种理想主义和充满智慧的激情。只有具备了狂热的梦想、强大的自信，还有无比的专注、强烈的社会责任感，才能将梦想进行到底，才能在前进的过程中披荆斩棘，一往无前，成功摘取胜利果实。

第17堂课
任何时候，经历都是一种成功

马云微语录

生活是公平的，哪怕吃了很多苦，只要你坚持下去，一定会有收获，即使最后失败了，你也获得了别人不具备的经历。

不要把赚钱当作人生目标

一次，著名主持人杨澜采访马云，两人有了下面这段对话：

杨澜：当你决定辞去一份收入虽然不高但比较稳定的大学老师的工作，开始创办中国黄页时，你内心真实的想法是什么？我仍然不能完全接受你所说的多一点社会实践的说法。

马云：很多人都不相信，但事实却真的是这样。这怎么说呢？我出生于20世纪60年代末，是个理想主义者，在学校里教书，天天给学生讲这些东西，我觉得我很单纯，也很幼稚。我越来越明确一点——人生是一个过程，而不是目的。从这个角度讲，你经历过多少，犯过多少错误，这才是宝贵的。

杨澜：听起来你像个圣人。你真是这样想的？（创业）真不是为了钱？

马云：我马云比其他大部分CEO要坚强的是，我不为钱干，永远不把赚钱当作公司的第一目标。说到就要做到。最后反过来看自己赚了很多钱，这是个结果，但并不是我追求的目标。如果一个人脑子里只想赚钱，那他脑子里想的是钱，眼睛里是人民币、港币，讲话全是美元，没人愿意跟这样的人做生意。

赚钱不是马云办公司的目的，但是帮客户赚钱却是马云的最大心愿。这是一种高屋建瓴的姿态，是一种企业家高尚的情怀。

阿里巴巴上市以后，很多人都说马云成功了，造就了很多富翁。这里的富翁指的是阿里巴巴的客户和员工。

这话符合实际情况，阿里巴巴上市以后，很多员工的确成了百万富翁、千万富翁。但马云对此却有更深入的看法，在他看来，更多的客户因为用了阿里巴巴成为百万富翁、千万富翁才是关键的，他更希望自己的客户赚钱，那样的话，他才觉得是自己的成功，是阿里巴巴的成功。

"阿里巴巴帮助中小企业赚到了钱，客户的生意做得越来越好，其结果是我们公司也挣钱。"马云如是说。

马云创业确实不是为了赚钱，如果是为了赚钱，他不必这么辛苦。当网络游戏开始大规模圈钱的时候，诸如盛大、网易等大网站都推出了游戏，马云却高调地宣布："我不会在网络游戏投一分钱。"在赚钱和创造社会价值之间，马云毫不犹豫地选择了后者。

支付宝，是马云为了保障消费者安心在淘宝网上购物而推出的一种在线支付方式。在这之前，为了让消费者能够安心在淘宝网上购物，马云和他的团队设置了多重防线。卖家想要在淘宝网上卖东西，就要先通过公安部门检验身份证。随着科技水平的进步，还要对手机和信用卡进行认证，才能成为淘宝卖家。

另外，淘宝网还要信誉记录，如果有欺诈的行为，会被记录在案。但是马云还是不放心，他要一种更为安全的支付方式，保护消费者能够安全购物。实际上，阿里巴巴的一支团队一直在秘密研发马云需要的这种安全支付方式，最后支付宝横空出世了。

2003年，支付宝试探性推出，并取得了很好的反响；2004年，使用支付宝进行网络支付的人已经占据了淘宝网用户的半壁江山。之后，支付宝不断升级。

为了让广大的支付宝用户放心，马云打出了"全面赔付"的口号，意思是对于使用支付宝而受骗遭受损失的用户，阿里巴巴将会对其损失进行全部赔偿。马云信誓旦旦地说："不是赔给几百、几千，如果真的受骗了，1个亿我们也会赔。"

马云除了做出全面赔付的承诺外，还免收了异地汇款的手续费，要知道这可是一笔不小的费用。从这些事情上完全可以看出，马云没有将赚钱当作自己的人生目标。

"忘掉money，忘掉赚钱，不要理会外界关于你们不能赚钱的指责。"很多时候，只有抱有这种高姿态才能让自己处在更高处，也才能取得更大的成功。不为钱而谋，结果不管如何，都是一种成功。

懂得分享就会换来成功

新东方掌舵人俞敏洪说过这样一段很有意思的话："比如说现在你

有6个苹果,有两个选择,第一个选择是你一口一口把它们都吃掉;第二个选择是你可以自己吃1个,然后把剩下的5个分给别人。结果是,表面上你失去了5个苹果,但实际上你一个也没有丢,因为你获得了5个人的友谊。当你有困难的时候,他们就很愿意来帮助你。我吃了你一个苹果,当我有橘子的时候,无论如何我都要分你一个。你用这种方式收集了另外的5种水果。"

这段关于分享的话,道出了分享的重要意义:分享会换来成功。道理很清晰明了,要想真正做到,却也不是容易的。马云却真正做到了。无论是对于客户,还是对于员工,马云都做到了分享。他曾说:

"阿里巴巴发现了金矿,那我们绝对不会自己去挖,我们希望别人去挖,他挖了金子给我一块就可以了。很多人喜欢牢牢地守住金矿。我们去帮助别人发财,别人发财了,我们才能发财,因为我们所需不多。"

2007年11月6日,阿里巴巴在香港上市,这一天的到来让马云感到十分高兴,也令他难以忘怀。从1999年阿里巴巴创建以来,整整8年过去了,这8年里,马云带领自己的团队克服了一个又一个困难,战胜了一个又一个挫折,终于有了一定的成果。

从创业时的50万元启动金开始,直到在香港上市,阿里巴巴已经拥有超过200亿美元的市值,可以说今非昔比。

阿里巴巴的成功上市,也让阿里巴巴人迎来了自己的成功,一大批百万、千万富豪由此诞生,当日,马云的收盘身家达到了140亿港元,阿里巴巴员工身家几十亿港元的大有人在。这种现象被媒体称为中国互联网史上顶级的集体"造富"运动。

有意思的是,虽然阿里巴巴的股价暴涨,"造富"运动疯狂,马云却并没有像人们意料之中成为首富，这是因为马云手中掌握的阿里巴巴的股票还不到5%。

作为阿里巴巴的灵魂人物，这艘企业航空母舰的总舵手，马云完全可以让自己成为阿里巴巴上市的最大受益者，但实际上却不是这样的，这一切只源于马云知道分享，知道感恩，他曾说：

"从第一天开始，我就没想过用控股的方式控制，也不想自己一个人去控制别人。这个公司需要把股权分散，这样，其他股东和员工才更有信心和干劲。"

这是马云目光远大的表现，也是他为人处世的准则。蒙牛老总牛根生曾这样评价马云："马云财散人聚的能力不比我老牛差，我是阿里巴巴薪酬委员会主席，我发现马云大手笔分钱的能力非常强，这就是他的分享能力，所以财散就能人聚。"

作为创业者，要晓得分享的重大意义，不拘泥于眼前，常作换位思考，多为对方利益着想，适时付出，这样自然能够换来真心相待。

80年变102年，做长寿企业

创业者都希望自己的企业能够长长久久，遗憾的是，绝大多数企业都很短命，马云经过调查发现，中国企业平均寿命只有6年到7年，生存13年的很少，生存18年的更少，百年企业更是凤毛麟角。

"今天是5周年庆典,我想这一天想了5年。5年前,我每天都在担心,能不能等到这一天。昨天我吃晚饭的时候开始准备,晚上也睡不着,我想不出要讲什么,但是我现在最想说的是:我要感谢所有做出努力的1600名员工。

记得1998年年底,在长城,我们发誓要创建让中国感到骄傲,让全世界感到骄傲的公司。我也想起了,宝宝们回到杭州的时候,湖畔花园家徒四壁,我记得他电话给我,说因为没有空调,手很冷,然后是第一次融资,我们搬到华星。

我第一次担心,怕阿里巴巴不是阿里巴巴,我怕我们失去了湖畔的精神,但是我们在华星,很好地保留了当时的文化。昨天我走回公司,发现楼下一大排的出租车,这让我想起了在华星,每天晚上一两点钟都有很多出租车司机在外边等。几乎所有杭州的出租车司机都知道,阿里巴巴多晚都有人在工作。但是现在我又开始担心了,创业大厦比华星更豪华,阿里巴巴会不会变化?我们的旗还能走多远?

我们的目标使命和价值观,是鼓励我们走下去的动力。我建议从明天开始,把我们的80年改为102年,成为中国伟大而独特,横跨一个世纪的公司。如果能活102年,就是我们最大的成功。"

这是马云2004年在阿里巴巴5周年庆典上说的一段话。在1999年创建阿里巴巴之际,马云等18个创业者提出,要创建一家让中国人感到骄傲的公司,一家能够持续发展80年的公司,要让所有的商人都来用阿里巴巴。

5年后,也就是2004年,马云将80年改为了102年,为什么是102年?阿里巴巴1999年成立,到下个世纪刚好是102年,横跨3个世纪。

就是在这五周年庆典上,马云说道:"至于你能走多远,梦想很重要,阿里巴巴诞生时说要走80年,现在我们又有明确的目标出来,要做102年。这个世纪我想活100年,下个世纪我们再活2年。在102年之前任何一个时间我失败,就是我们没有成功。"

两年后,也就是2006年,马云再次强调了要做102年跨世纪大企业的决心。

为了实现这个伟大的梦想,马云带领他的团队详细研究了全球具有百年以上发展历史的企业,研究他们的体制建设、文化建设、体系建设、组织力量建设等,力图从这些伟大企业身上挖掘到他们需要的东西。

马云知道,这伟大的使命不是自己一人就能完成的,就像接力赛,需要几个人甚至几代人共同完成,他和现在的团队只不过跑了第一棒。

不管阿里巴巴是否真的能成为百年企业,能否真的走过102年,仅仅从马云和他的团队的这种精神和使命感来看,就是一种难得的财富,就是另一种值得称道的成功。

做企业就要有马云这种高瞻远瞩、高屋建瓴的眼光和魄力。立足当下,成就未来,竭尽所能,坚持向前,无论最后的结果怎样,都是一种伟大的成功。

第18堂课
为使命感奋斗才能走得更好

马云微语录

使命、价值观、目标是任何一个企业,任何一个组织机构一定要有的东西。如果没有这三样东西,你走不长,走不远,长不大。

一定要有一个共同目标

目标指引方向,有了明确的目标就有了前进的方向,即使中途遇到艰难险阻,也不会迷失方向,风雨过后,依然可以向目的地前进。但是如果没有目标或者目标不专一,就失去了前进的方向,即使再勤劳、再努力也是徒劳的。

壳牌石油是世界大型石油公司之一,它的创始人马库斯·塞缪尔原先跟着父亲做贝壳生意。

在运送贝壳的航程中,马库斯·塞缪尔经常看到美国石油巨头洛克菲勒家族的油轮。他敏锐地察觉到,石油生意应该是个不错的生意,于是他把石油生意定为了自己的奋斗目标。

当马库斯·塞缪尔做贝壳生意赚到了一些钱后,为了积攒更多的做石油生意的原始资金,他又做起了煤炭生意,把远东的煤炭运到日本销售,最终完成了资本的原始积累。

有了足够的资金后,马库斯·塞缪尔立刻组建了自己的石油公司,做起了石油贸易,从此一发不可收拾,直至成为世界上大型的石油公司。

马云认为,使命、价值观、目标是任何一个企业、任何一个组织机构一定要有的东西。如果没有这三样东西,走不长,走不远,也长不大。

软银集团是一家综合性风险投资公司,它的创始人孙正义是阿里巴巴的大股东。

2003年,孙正义召集他投资的所有公司的经营者开会,他要求每个公司的经营者用5分钟的时间陈述自己公司的现状,马云是最后一个陈述者。

马云陈述结束后,孙正义说:"马云,只有你是三年前对我说什么,现在还是对我说什么的人。"这句话是什么意思呢?

三年前,马云向孙正义陈述了阿里巴巴创建时的目标,即通过互联网帮助国外企业进入中国,帮助中国中小型企业打开国内市场,打入国外市场。

三年的时间过去了,马云依然坚持这个发展目标不动摇,这让孙正义决定继续把资金投给阿里巴巴。

从阿里巴巴这些年的发展来看,从创建到取得成就,马云一直坚持为中小型企业服务的企业宗旨,尽管中间经历了大大小小的风潮袭击,马云的目标却没有任何改变,反而更加坚定。

2004年,马云重新确定公司目标,第一个是做102年的公司;第二个是做世界十大网站之一;第三个是"只要是商人,一定要用阿里巴巴"。

共同的目标让阿里巴巴人坚定信念，向着目标坚定迈进。一个企业如果缺乏一个共同目标，一定会走不远，走不长，长不大。

十几年前，马云在一次公开演讲中，曾拿梁山好汉的命运来说明企业缺乏共同目标的莫大害处：

"宋朝的一百零八个梁山好汉，如果他们没有共同的价值观，在梁山上打起来还真麻烦。他们共同的价值观就是江湖义气，无论发生什么事都是患难兄弟，这让他们团结在一起。一百单八将的使命就是替天行道，但是，他们没有一个共同的目标，导致后来宋江认为应该投降，李逵认为我们打打杀杀挺好的，还有人认为，衙门不抓我们就很好了，结果到后来整个队伍崩溃。"

在马云看来，团结在一个共同目标下面，要比团结在一个企业家后面容易得多。共同的目标会激发出参与人的高昂热情，激发出深藏的潜力，从而大大提高取得成功的概率。

创业是一个长期的过程，没有一个共同目标的引导和激励，是很难坚持到底的，因此一定要设立一个可以凝聚力量并可以为之奋斗到底的共同目标。

依靠使命感做出决策

要想使企业走得久、走得稳，统一的使命感不可或缺。在业内，丰田汽车公司有这样一个口口相传的故事：

美国芝加哥大雨滂沱的一天，车辆往来穿梭的路上停着一辆丰田汽车。原来是车的雨刮器突然坏了，司机冒着雨傻站在车旁，不知道该怎么办。

就在这时，雨中突然走出一位老人，在司机的瞠目结舌中，老人趴到车上开始修理雨刮器。司机问他是谁，老人回答说他是丰田公司的退休工人，看见他们公司的车出了毛病，觉得有义务把它修好，就上来修理。

"觉得有义务把它修好"，这是强大使命感感召的结果，它让一个已经退休的人把公司的事当成了自己的事，正是有了这样难能可贵的使命感，才让丰田汽车有了今天的好名声。

使命感是企业文化的核心组成，是企业的核心竞争力。马云是一个非常注重企业使命感的企业家。

马云曾举例说，爱迪生企业的使命是什么？是让全世界亮起来！结果全世界真的亮起来了。迪士尼企业的使命是什么？是让世界快乐起来，结果迪士尼所有的东西都是令人开开心心的，就连拍的戏也都是喜剧，招的人也全都是快乐的人。

2001年，马云到纽约参加世界经济论坛，会上他听世界500强的CEO谈得较多的就是使命感和价值观，而国内企业代表则很少谈及这两个层面。由此，马云认为国内企业缺乏的就是这两者，所以国内企业总也强大不起来。

在参加论坛期间，马云还有幸参加了一次克林顿夫妇的早餐会，席间，克林顿对马云说："美国在很多方面是领导者，有时候领导者不知道该往何处去,前面也没有先例来引导,没有榜样可以效仿。"

马云就问:"那是什么让从你们出了决定?"克林顿回答道:"是使命感。"马云又一次震惊了。他对使命感从此有了更深的领悟。

阿里巴巴的使命是什么?是让天下没有难做的生意。这一点马云早已经确定了下来,并且坚定不移,他曾说:

"经济条件、经济利益、办公条件我们都可以讨价还价,但有一样东西不能讨价还价,那就是企业文化、使命感和价值观。

"我们的企业是一个使命感驱动的企业,'让天下没有难做的生意,创办中国乃至世界最好的公司,做102年的公司',这些目标从第一天起直到现在,我们不想改变,我们也不会改变。

"从今天起到未来,我本人以及今后接任我的CEO,都必须按照这个目标走,这个我不跟大家讨价还价。"

"让天下没有难做的生意"是马云的使命,也是阿里巴巴的使命,正是在这样的使命感的感召下,马云带领他的团队一心一意为中小型企业服务,设身处地地为他们着想,想他们所想,急他们所急,做出来一件件令客户满意的大事小事。

阿里巴巴做的每一件事都紧紧围绕为客户服务的目标,任何违背这个使命的事情都不做。

阿里巴巴每推出一个产品时,首先要考虑的是这个产品是否有利于帮助客户做生意,如果答案是肯定的,那么就做下去,如果答案是否定的,那么毫不迟疑地否定掉。

"阿里巴巴做这个决定的时候,使命是让天下没有难做的生意。所有制造出来的软件都是要帮助我们客户生意做得简单。"马云是这么说,确实也是这么做的。正是在这种价值理念的指引下，马云和他的团队缔造了互联网界的传奇。

马云曾经说："阿里巴巴最少要推出一款免费的产品。"阿里巴巴的工程师和产品设计师出于职业反应，马上想到将免费搞得复杂一点，以后再将收费搞得简单一点。这样产品就越做越复杂。

马云就问产品设计部，阿里巴巴的使命是什么，设计部人员说是让天下没有难做的生意。

然后马云问："那为什么把产品搞得那么复杂？"设计部人员马上明白了马云的意思，随后把产品简单化。

"让客户感觉越来越简单，把麻烦留给我们自己，这就是当时使命感的驱动。"事后马云总结道。

任何企业在发展的过程中，都不可避免遭遇挫折，阿里巴巴自然也不例外。

如何持续发展，如何将发展进行到底？是所有企业掌舵人都需要思索的严肃问题。马云深入了解了那些伟大企业持续发展的深层次原因，使他愈发坚定了使命感不可荒废的念头。

中国是个人口大国，以后可能会有很多人因各种各样的原因失业，马云希望电子商务能够帮助更多的人就业。有就业机会社会就稳定，家庭就稳定，事业也就能发展。

阿里巴巴在B2B领域发展得很好，但也遭遇过"如何将发展持续进行下去""如何开拓新领域"这类问题的困扰，马云曾经迷茫过，阿里巴巴前面没有参照物可以借鉴，这个时候，马云就凭着使命感做出一系列决策，不再迷茫。

开创事业，使事业持续发展下去，需要有一种使命感激发力量，激发斗志，向着远大目标坚定走下去。

统一的价值观必不可少

价值观通常决定着企业和个人如何看待未来,从而也就决定了企业和个人未来的发展。

惠普公司是美国一家资讯类科技公司,创建于1939年。创始人是斯坦福大学的两位毕业生威廉·休利特及戴维·帕卡德。十几年过去了,当初的小公司已经变成了业务遍及全球的跨国公司。

1957年,惠普公司正式上市,创始人威廉·休利特及戴维·帕卡德确立了公司的核心价值观,主要内容是"客户第一,重视个人,争取利润"。

围绕核心价值观,惠普公司制订出很多具体规划和实施办法,最终形成了被业务界称道的"惠普之道"的惠普文化。

在其后的发展中,惠普公司一直秉承"客户第一,重视个人,争取利润"的核心价值观开展服务。其间,很多制度发生了变化,但这个核心价值观却雷打不动,丝毫没有改变。

正是在这个核心价值观的指引下,才使惠普从一个车库走出来的公司,最终发展成一个享誉全球的跨国公司。

对此,惠普前总裁卡·菲奥莉娜曾说过这样的话:"惠普之所以取得了如此大的成就,就是源于惠普的创造力、惠普的核心价值观以及惠普的行为准则。"

在卡·菲奥莉娜看来,企业发展的关键因素不是技术,而是对核心价值观的坚持以及在思想指导下保持管理制度的传承性。

马云认为企业一定要有统一的价值观。他坚持认为价值观是阿里巴巴最值钱的东西，是将万名员工团结起来的法宝。

2000年，马云为阿里巴巴所有员工确立了共同的使命、共同的价值观、共同的目标。

2002年6月，在宁波会员见面大会上，马云讲道：

"公司一定要有一个统一的价值观。我们的员工来自11个国家和地区，有着不同的文化，是价值观让我们团结在一起，奋斗到今天。我们的首席执行官，今年53岁了，是传统企业的老经理人，非常出色，他在GE工作了16年。

"我们总结了9条精神，它让我们共同奋斗了4年。我告诉所有的员工要坚持这9条精神，第一条就是团队精神，第二条是教学相长，然后是质量、简易、激情、开放、创新、专注、服务与尊重。这9个价值观是阿里巴巴的财富。"

后来，马云将阿里巴巴价值观总结为六大核心价值观，也就是后来所谓的"六脉神剑"，分别是：客户第一、团队合作、拥抱变化、诚信、激情、敬业。他要求所有来阿里巴巴的人必须要先认同和坚守阿里巴巴的价值观，然后才能正式加入阿里巴巴。

马云将有阿里价值观的人比作天天锻炼的人。天天锻炼的人和从不锻炼的人，平时可能没什么不同，但是在生重病的时候就不一样了。天天锻炼的人会有更强的抵抗力，更能挺得过来。

价值观不能等到灾难来临的时候再去培养，平时就要培养。这样，在灾难来的时候，才能保证活下来。

要想企业有长远的发展，实现企业和个人的梦想，统一的价值观一定是必不可少的。当价值观转变成了企业的核心竞争力时，必然有助于企业和个人达成愿望。

当一万个"相信"变成信仰时，就成功了

相信是一种力量，一种庞大无比的力量，它发出的力量是惊人的，是无可匹敌的。

新东方是国内教育培训领域的"排头兵"，它引领了国内语言培训的新潮流。

新东方的创始人俞敏洪毕业于北大。在2008年北大新生开学典礼的演讲中，俞敏洪讲道，当年新东方有了一定的规模后，他曾带着大量的钞票前往美国去找他的同学回国和他一起把新东方做大。此行之所以带去了大把的钞票，是因为要证明给那些在美国的同学看，在国内同样也可以赚到很多钱。

后来他的那些同学先后回国，跟他一起发展壮大新东方。这些同学之所以选择了回国加入新东方，不是看在了那些钞票的面子上，而是因为两个字，那就是believe——相信。他们相信俞敏洪是一个只有一碗粥也会分给他们半碗的人。

当年在北大读书时，俞敏洪给他们打了4年的开水，此外，还有很多令他们感觉暖心的事情，这使他们认定了俞敏洪是个值得他们信任的人，值得他们"托付终身"。

正是由于这批海归精英的加入，才使得新东方越来越强大，直至成为国内教育培训的排头兵，受到越来越多人的青睐。

Believe不是盲目的，也要分情况，在马云看来，一个人believe是傻子，一百个人believe是蠢货，一万个人believe，就是神圣的信仰了。而当真的有一万个人believe你时，你也就成功了。

2008年4月，马云在湖畔学院的讲话中讲道：

"你们是新一班的湖畔人，我们湖畔学院主要是继承这种精神，Value（价值）、Vision（想象），走出去以后你们只能说as crazy as jack,believe it（像马云一样疯狂，信他吧），倒下去没有关系，再来过。没有believe会很痛苦，而且这个believe超过一万人的时候，这个believe会very powerful（非常有力）。

"一个人believe是傻子，一百个人believe是蠢货，一万个人believe，那是信仰。Believe形成势头往前走，阿里巴巴加入进来，高层干部一定要有这个believe。"

马云的魅力之一就是让人能believe他，无论是找投资者，还是吸引人才加入阿里巴巴，马云都取得了对方的信任，让对方心甘情愿把钱投给阿里巴巴，把能力和精力奉献给阿里巴巴。

首先，马云自己就有着坚定的信念，并且竭诚为这个信念付出所有。他坚信中国一定会迎来互联网大行其道的时候，坚信电子商务一定会影响中国，改变中国。

其次，马云也坚信电子商务能够帮助到中国的中小企业，坚信先让客户富起来是正确的选择。如果客户不富起来，那阿里巴巴就是一个虚幻的东西，就是失败的。

他让阿里巴巴的所有员工和他一起，把他伟大的梦想当作信仰，当作阿里巴巴的价值观，当作指引他们前行的指路明灯，然后在这个梦想的指引下，一步步坚定地向前迈进，直至梦想变成现实。

第六篇
谈坚持哲学：
像坚持初恋一样
坚持梦想

马云说：

在自己找到的人生方向上不断地坚持，你就能得到自己想要的成功。很多人不是不努力，不是不勤奋，不是没有能力做好，是没有找到自己能够用来坚持一生的方向。创业前找到自己的方向，然后在这个方向上不断地坚持，你就会成功。

成功者的收入趋势

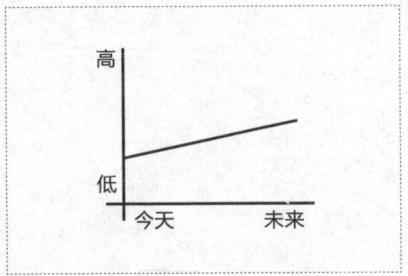

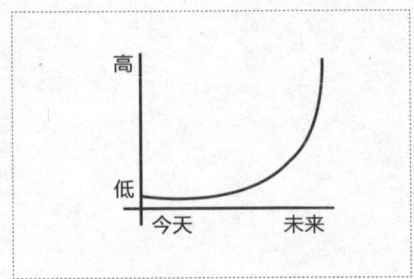

　　打工者的收入，会随着其工作能力的增强而步步提升。

　　创业者的收入，则是只要挺过难关，就能陡然猛升。

失业概率

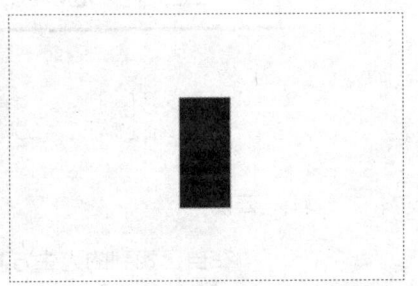

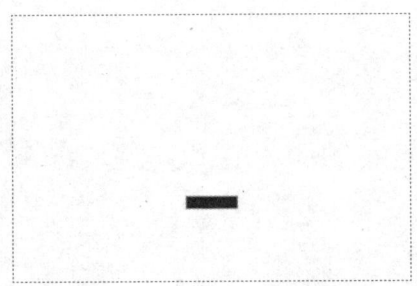

　　打工者的失业概率很高，非常高。

　　创业者的失业概率微乎其微，可以说接近0。

精神状态

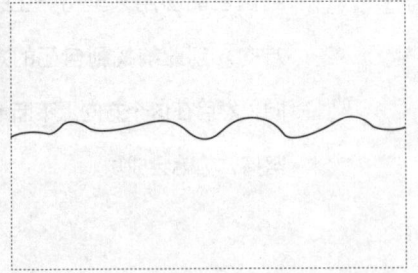

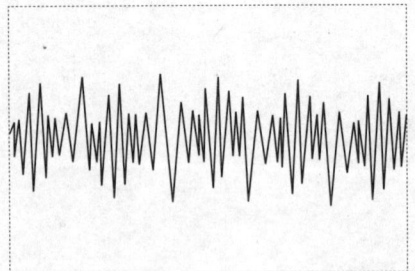

　　打工者不用面对各种压力，每天都能保持轻松平和的心态。

　　创业者的神经每天都崩得紧紧的，丝毫不敢放松，时刻要做好迎战的准备。

第19堂课
今天很残酷，明天更残酷，后天会很美好

> **马云微语录**
>
> 今天很残酷，明天更残酷，后天会很美好，但绝大多数人都死在明天晚上，见不到后天的太阳，所以我们干什么都要坚持！

要成功就永远不要放弃

永不放弃是马云的座右铭，同时也是所有创业者都应当具备的品质。成功创业的人多数都有这个特质，只要认定了自己所选择的创业道路，就会以顽强的毅力一直走下去，哪怕前进的路上布满了荆棘，也会不达目的不罢休，因为后退已无路，后退就意味着失败。

肯德基是闻名世界的快餐企业，其连锁店遍布世界各地。肯德基的创始人是哈兰德·桑德斯上校。创业时，桑德斯上校已经65岁了。当时，他是个穷光蛋，依靠政府给他发的少得可怜的救济金生活。一次，他对着刚领到手的105美元救济金发愁，思来想去，他决定结束这种不光彩的生活，依靠自己生活。

桑德斯上校有一个炸鸡秘方,他决定利用这个秘方赚取财富。他精心制作了一份创业计划书,然后带着这份计划去一家又一家餐馆敲门寻找合伙人。

不出所料,几乎所有的人都冷言冷语对待他,并耻笑一个连吃饭问题都没能力解决的人还谈什么创业。还有些人将他当作精神病人把他赶走。

桑德斯上校没有被困难吓倒,此时他知道已经不能再后退,后退已无路,所以他抱定决心将自己的创业之路走下去。他继续一家一家餐馆进行推销。这个时候,他心中的创业热情已经让他无所顾忌。刚被这家拒绝,又马上前往下一家。

桑德斯上校的足迹几乎遍及了美国的每个角落。在向人们诉说了1009次后,桑德斯上校的创业计划终于被人接受了,于是才有了今天遍及全球的肯德基。

从带着创业计划书敲开第一家餐馆开始到最终有人接受,两年的时间就在桑德斯上校的坚持中过去了。最终,桑德斯上校的这份创业激情,这份永不放弃的精神给他带来了成功,也给后来的创业者留下了巨大的精神财富。

创业的过程中,一定会遇到这样那样的挫折和困难。遇到挫折和困难时,如果动辄退缩或者放弃,不坚持到底,那么成功又怎么会来呢?"在创业的道路上,我们没有退路,最大的失败就是放弃。"马云如是说。

当初,马云受杭州市政府的委托,前往美国和一家投资公司商谈投资事宜,那个时候马云创建翻译社没多长时间,公司正处于发展阶段。

接受命令后,马云遂动身前往美国洛杉矶。在见到那家美国公司代表后,马云被安排住进一座大别墅里,饮食起居有专人负责。之后的几天里,这家美国公司派人带着马云去各地游玩,却绝口不提投资合作的事情。

马云感觉事情有些不对，就一再追问对方合作的事情。最后，这家美国公司向马云摊牌，他们本无意合作，只是想要欺骗中国市政府以讹诈钱财。他们要求马云合作，否则就要收拾马云。马云恍然大悟，明白杭州方面和自己都被对方欺骗了。

几天后，马云假装同意了美国公司的要求，答应合作共同欺骗杭州市政府，这才换取了行动的自由。马云不甘心就这样灰溜溜地回去。他忽然想起了有一个外教同事的女婿在西雅图从事互联网工作，于是他就想回国前见识见识这个传说中的东西。

于是，马云从洛杉矶踏上了前往西雅图的路程。在西雅图，马云第一次见到了传说中的互联网，他被这个神奇的东西深深吸引住了，此后，马云的创业历程发生了翻天覆地的变化。

可以想象一下，如果马云放弃了去西雅图，可能就没有后来的马云，也就没有了如今的阿里巴巴。

放弃就是最大的失败。当马云遭遇第一次高考失败后，如果不坚持学习，不坚持继续高考，可能就没有第三次高考的成功。如果不坚持创业，遇困难就后退，那么海博翻译社早已经关门。如果不坚持前行，阿里巴巴可能都已经关了多次门，也就不会再有今日人人皆知的互联网大亨，也不会有中国蓬勃发展的电子商务。

坚持的意义非常巨大，可以使事情发生质的变化。而放弃无疑就是最大的失败，在互联网遭遇寒冬的时候，马云曾这样说："冬天寒冷的时候，我们提出的口号是：坚持到底就是胜利。只要我们活着，就有希望。"

就是在马云强势坚持下去的鼓励下，阿里巴巴度过了寒冬，走过了困难时期，迎来了春暖花开。马云告诉我们："失败就是放弃，要成功就永远不要放弃。"

创业之路是很难走的，无论你怎样精明，也无论你有怎样充沛的资源，困难和挫折都会不期而至，阻挠你前行，要想成功就要像马云一样，不要放弃，要坚持到底，直至梦想实现。

即使很累，也要咬牙坚持

创业是一条不轻松的路，如果轻松，人人都能创业了。创业中，身心疲惫是必然的，困难犹如磨刀石在磨砺着希望向前的你。但是，不能因为累就停滞不前、半途而废，那样还不如不做。

千里之行始于足下，只有坚持迈步才能让迈出的第一步变得有意义。如果能坚持迈步到底，则成功必然会到来。"当你觉得很累，当你觉得想放弃的时候，低头看看自己的双脚，看看它们义无反顾地在追梦的路上大步向前，你或许能体会，路就在自己脚下，总有一天你会走到那个魂牵梦绕的地方。"马云这样总结道。

在互联网行业，阿里巴巴绝对算得上是大公司，员工多的时候，有一万多人。这些人在阿里巴巴坚守岗位，辛勤工作。马云亲切地称呼那些坚守下来的员工为老员工，他将阿里巴巴的希望寄托在这些老员工身上。2015年，在一次内部讲话中，马云动情地讲道：

"我感谢大家前面几年所做的努力，后面的路更长，如果你们相信公司，相信自己，我们再一起奋斗5年，看看可不可以做出一家伟大的公司。5年以后，如果大家想离开，跟我说，我一定会让你们舒舒服服地离开。"

马云是个非常感性的人,他给阿里巴巴定位为一家现代的服务公司而不是销售公司。他不希望每个员工都是销售人员,而是服务人员,服务客户的人员。

马云知道服务行业很累人,让人身心俱疲。但是,他还是希望员工能够跟他继续往前走,咬紧牙关再熬5年,努力做出市值超过1000亿美元的民营企业。

在马云看来,伟大和普通人的区别就在于:在所有人都面临死亡的时候,伟人用尽力气再往前挪了一步。最后,身后的人都倒下了,而他却还站在那儿。他就是伟人。显然,马云希望阿里巴巴的员工能成为不倒下的伟人。

在这之前,马云也说过一段类似的话。2001年到2002年是互联网行业的冬天,很多互联网公司在这次寒冬中倒了下去,马云就是在这种背景下说的这番话:

"不管有多累多苦,哪怕就是半跪在地上,你也得给我站在那儿,哪怕整个互联网公司都死光了,就只剩下我们。2002年我在整个公司员工大会上说,今年的主题词就是'活着',所有人都得活着。如果我们活着,还有人站在那边的时候,我们就得坚持下去。"

马云对抗寒冬的法宝就是"坚持",不管多累多难都要坚持,站着要坚持,跪着也要坚持。总之,只要不倒下,就要坚持。

远大的目标通常是看不见、摸不着的,遥遥又缥缈,看不到尽头。人在很累的时候,难免想到放弃。放弃是很容易的,一念之间就可以放弃,但放弃了就失去了成功的机会。所以,要像马云一样在很累的时候咬牙坚持,很多事情扛过去就有机会了。

即使不好，也不要轻易放弃

在学习成绩方面，除了英语还能让马云引以为傲，其他科成绩是很惨的，特别是数学更是马云的"软肋"。实际上，马云的数学成绩并不是一直都不好。高一的时候，马云还是班上的数学课代表，成绩下滑发生在高二。

高二的时候，马云的一个同学被别人欺负了，仗义的马云二话不说，就去跟人打架。学校政教处知道了此事，通报批评了马云。马云没有办法，只好转校，直接进了高考复习班。因为没有完整学过高二数学，所以高考考数学的时候，马云几乎所有的考题都不会做，只好乱填，最后只考了1分。

那一年高考，马云差16分没有考上大学。之后，他又和其他5个同学一起报考杭州警察学校，结果是那5个同学被录取了，而马云却被刷了下来。他又和表弟去报考服务员，结果表弟被录取了，而他却又一次被排除在外。

最后，马云来到一家杂志社上班，工作是给别人捆杂志，然后将捆好的杂志送到火车站。那时候的马云还没有过多的想法，每天捆杂志，送杂志，一天天过得很开心，生活波澜不惊。

有一天，马云受路遥小说《人生》的触动，又想去参加高考了。于是，那年年底，马云又准备去高考。结果，这次又考砸了，而且更惨。上次考大学差了16分没考上而这次却差了几乎140分。

第二次高考的惨败，让马云的很多亲友对马云失去了信心。但是，马云不甘心，他还想再试试。他白天去杂志社上班，晚上去夜校学习。第三次高考如期而至。考前，有位老师跟马云讲："如果你数学能及格，我的名字就倒过来写。"

马云虽然对自己数学考及格没有多大信心，但是他认为还是要试一试。这次考试，马云的感觉特别好，虽然他不奢望能出现多大的奇迹，但内心还是抱有很高期望值的。

考试结果公布，马云的数学考了89分，远超出了及格标准线，而教他数学的同学只考了61分。马云终于通过自己的努力和事实证明了：希望是不能泯灭的，放弃是愚蠢的。

1988年，大学毕业后的马云在杭州电子工业学院教英文。当时，杭州电子工业学院英语统考的通过率只有60%，而在马云执教那年的四级统考中，马云创造了一个奇迹，他的所有学生都通过了。这是让马云感到很骄傲的一件事。

三次高考，两次失败，最后高考数学成绩超过教自己的人以及带领学生通过考试。这些事让马云明白了，人的潜力是巨大的，只是很多时候没有被发掘出来。在压力和挑战下，一定不要轻易放弃。他曾说："放弃是很容易的，我的体会是，再困难，熬一熬也就过去了。"

2002年是互联网企业的寒冬时期，很多互联网企业亏损甚至破产关门。面对困境，马云的要求是让阿里巴巴能够生存下来，他提出阿里巴巴这一年的目标是盈利一块钱，就在这一年，阿里巴巴实现了收支平衡，并成功实现盈利。

2003年，马云提出阿里巴巴全年要盈利1亿元，当时在业内，谁也不敢夸下这样的海口，但是马云就敢。年底的时候，这个看似不可能完成的任务居然完成了。

2004年，马云提出了让阿里巴巴每日盈利100万元。当年年底，这个目标也完成了。2005年,马云说要让阿里巴巴每天缴纳税款达到100万元。2006年,马云又提出……

马云告诉自己,别人都放弃的时候,你再往前走一步,机会就是你的,越是困难越要坚持,最后比的是耐力。

创业之路崎岖漫长,马云告诫创业者:"在任何时刻,永不放弃。永远坚持自己的梦想,保持自己的激情。历经磨难才能成为一代高手。"

很多事实确实如此,在困难面前如果再坚持一下,再有耐心一些,就可能成为最后的胜利者。牛顿曾说:"胜利者往往是从坚持最后5分钟的时间中得来成功的。"因此,只要你有一颗勇敢而执着的心,就一定会到达成功的彼岸。

寒冬到来前要做好过冬准备

很多企业在经济状况好的时候,人好,钱好,什么都好。但是,一遇到市场危机,它们中的绝大多数都会被打得遍体鳞伤,惨不忍睹。这似乎正验证了投资股神巴菲特曾经说过的那句话:只有大潮退去才能知道谁在裸泳。

确实,市场并不总是春天,寒冬常常会不期而至。创业更是经常遭遇寒冬。因此,一定要培养起危机意识,做到居安思危、未雨绸缪、防患于未然。"距离不可怕,可怕的是不知道距离。"这句话透漏出马云的危机意识。

从一定角度看,危机意识代表了一种高瞻远瞩的眼光。当初,海尔总裁张瑞敏当着全体员工的面,将76台仅仅有轻微质量问题的海尔冰箱砸毁，使海尔员工建立起居安思危的危机意识，海尔人上下一起努力，才有了后来飞黄腾达的海尔集团。

"我马云不会在失败时放弃，只会在成功时离开。"话语掷地有声。马云虽然说话很"狂傲"，但做事一直很谨慎，他一直保持着强烈的危机意识。2008年，全球经济危机到来之前，马云就预感到了其中的危机。为此，他在阿里巴巴集团发布了一份内部邮件，号召阿里巴巴人全体做好"过冬"的准备。下面是这份内部邮件的一部分：

"大家也许还记得，在2月的员工大会上我说过：冬天要来了，我们要准备过冬。当时很多人不以为然，其实我们的股票在上市后被炒到发行价近3倍的时候，在一片喝彩声中，背后的乌云和雷声已越来越近。因为任何来得迅猛的激情和狂热，退下去的速度也同样惊人。我不希望看到大家对股价有缺乏理性的思考。

去年在上市的仪式上，我说过我们要一如既往，不会因为上市而改变自己的使命感。面对今后的股市，我希望大家忘掉股价的波动，记住客户第一！记住我们对客户，对社会，对同事，对股东和家人的长期承诺。当这些承诺都兑现时，股票自然也会体现你为公司创造的价值。

我们对全球经济的基本判断是经济将会出现较大的问题。未来几年，经济有可能进入非常困难的时期。我的看法是，整个经济形势不容乐观，接下来的冬天要比大家想象的更长，也更寒冷、更复杂，我们准备过冬吧！"

虽然马云意识到全球经济"寒冬"即将来临，但显然，他并不惧怕。"非洲草原上，只有饿死的大象，只有饿死的狮子，没有饿死的蚂蚁，蚂蚁总能找到吃的。"马云号召阿里巴巴人在寒冬到来前做好准备。首先，在思想上要做好过冬的信心和准备。马云要求阿里巴巴所有人，面对寒冬要有If not ,When? If not me,Who?（此时此刻，非我莫属）的豪情和强大自信。

自己不会在寒冬中倒下并不是马云的最终目的，更大的责任放在了他和阿里巴巴人的肩上，就是保护数千万个阿里巴巴的客户不能倒下。"如果我们的客户都倒下了，我们同样见不到下一个春天的太阳！"马云告诫自己的团队。

进攻是最好的防御手段。为了更好地度过寒冬，马云决定迎难而上。在基于"客户第一，员工第二，股东第三"的原则上，马云明确了阿里巴巴十年的发展目标，即十年内阿里巴巴要成为全世界最大的电子商务服务提供商和打造全球优秀雇主公司。

为了完成这个伟大的目标，马云要求阿里巴巴所有人要抓住这次过冬的机遇。他认为经过这次危机，世界经济将会更加多元，更加开放，而由电子商务推动的互联网经济将会在这次变革中发挥惊人的作用。

"拉动消费，创造就业，必将是我们电子商务在这场变革中的巨大使命和机会。我们坚信电子商务前景光明，并能够真正地帮助我们的中小企业客户改变不利的经济格局。因为今天的变革，十年后我们将会看到一个不同的世界。"马云如是说。同时，马云也看到，一旦有人超过了20%～30%的市场占有率，后面的人则很难再追上，所以一定不能放松警惕。

可怕的不是危机。因为危机是一定存在的，危机之于企业就如同疾病之于人生，是无法避免的。关键是要有危机意识，而且要在危机到来之前做好各项应对危机的准备。诚如马云所说："我想我们比较幸运，我们先比别人判断到了冬天的到来。永远要在形势好的时候改革，下雨天你再修屋顶的时候麻烦一定大了。"

创业过程中危机随时都会降临，因此一定要绷紧危机意识这根弦，做好各项准备，努力做到未雨绸缪，防患于未然，这样才能保证企业平稳发展，遇险而不殆。

像坚持初恋一样坚持梦想

在海博翻译社步入正轨之后，马云将翻译社的工作交给其他工作人员打理，自己腾出身来去做更想做的事。

1995年，马云带着初步想法创办了国内首批互联网公司——中国黄页。这个决定是在只有1人鼓励尝试的情况下做出来的，压力可想而知。此外，经济方面的压力也不小，当时的启动资金是马云四处借债，再加上自己压箱底的积蓄才凑起来的，总共是2万多元。

网站建立起来后，打开市场成了当务之急。马云每天出门推销自己的网站，他希望说服那些老板付钱把他们公司的资料放到自己的网站上去。

当时，网站可算是稀奇的东西，很多人根本不知道互联网是个什么东西。所以，马云的推销工作遇到了前所未有的困难。很多老板听完马云的介绍后，根本不明白他在说什么，都用异样的眼光看着他，觉得马云是个满嘴跑火车的骗子。

"那时候真可以说是惨不忍睹，就跟骗子似的。我们当时跟所有人都说，有这么一个东西，然后如何如何做。"马云回忆起那时的情形如是说。

在多次无情碰壁之后，马云决定先主攻朋友，把朋友作为自己的第一客户。因为对马云的信任，一些朋友真的把自己企业的资料放在了马云的网站上。

　　开局虽然艰难，但马云不灰心、不放弃，苦口婆心地讲，不厌其烦地推销。精诚所至金石为开，朋友之外的一些人也开始成了他的客户。

　　时间是最好的证明。通过一段时间的努力，一些与马云合作的企业老板终于看见自己的付出有了回报。公司业务因中国黄页得到了发展，并且得到了切实的利益，这让他们庆幸自己当初选择相信了马云。

　　马云的信誉逐渐好了起来，一些人开始主动找马云合作了。马云的腰杆终于挺了起来。中国黄页的业务开始有了突飞猛进的发展。1995年8月，中国电信开始在上海开展互联网业务。马云紧随其后，开始也将业务扩展到上海，再接着扩展到其他城市。

　　中国黄页的客户越来越多，信誉越来越好，更多的人知道了中国黄页，知道了马云。1997年年底，中国黄页的营业额已经达到了700万元。这在当时的情况下，成绩斐然。

　　国内互联网市场逐渐清晰，看着有利可图，一些人也纷纷加入进来争抢这一蛋糕。麻省理工学院毕业的张朝阳成立了"爱特信"公司，有"中国互联网先驱"之称的瀛海威也参与了进来，还有中国万网也来了。

　　竞争越来越激烈，马云的眼光投向了更远方。他开始考虑北上拓展业务。后来，中国黄页并入杭州电信之后，马云应外经贸部之邀前往外经贸部工作。一年多以后，马云觉得新的机会又来了，决定辞掉公职返回杭州再次创业。于是，马云带着他的核心团队再次回到杭州，创建了阿里巴巴。无论身处何种困境，也无论遭遇了哪些困难，马云都做到了永不放弃，坚持选择，坚持梦想。

　　2005年的平安夜，在"阿里巴巴社区大会"上，马云说了这样一段话：

　　　"初恋是美好的，每个人第一次恋爱最容易记住，每个人初次创业时候的理想是美好的，但是走着走着就找不到这条路在哪里了，其实你的第一个梦想是尤为美好的东西……2001年网络泡沫破灭时，那三十几家公司，我记得现在全部关门了，只有我们一家还活着。我们是坚持初恋的人，我们是坚持梦想的人，所以能走到今天。"

像坚持初恋一样坚持梦想，这是马云的选择，也应是所有创业者的选择。只有强烈的意愿，才能产生长久的坚持。因此，要像马云一样，抱着百分百的热情去面对困难，迎接挑战，努力实现自己的梦想吧！

第20堂课
只有持久的激情才赚钱

马云微语录

短暂的激情只能带来浮躁和不切实际的期望，它不能形成巨大的能量；而永恒持久的激情会形成互动、对撞，产生更强的激情氛围，从而造就一个团结向上、充满活力与希望的团队。

创业最重要的要素是激情

激情是创业者最需要的。没有激情，就没有做事的动力，事情就很难做成功。爱默生讲道："有史以来，没有任何一项伟大的事业不是因为热忱而成功的。"

一位美国部长在参观微软时，问比尔·盖茨："你们这里的员工每一个看起来都那样快乐、勤奋，你们这样的企业文化是如何营造出来的？"比尔·盖茨回答道："我们雇用员工的前提之一，是他必须对软件开发这项工作具有百分之百的激情。"

马云也认为，对所有创业者来说，懂不懂技术并不重要，重要的是要有激情。不懂技术，可以请懂技术的人来帮忙，但激情不能请人替代。

不懂互联网的马云却硬是将电子商务做成了中国第一家，马云靠的是什么？在众多成功因素中，激情是马云取得成功非常重要的一项。

激情源于梦想，说白了就是强烈地想做某件事。当初，马云成立海博翻译社时，就是看到翻译的市场很大，又看到一些退休的老教师无事可做，于是就想建立一个两全其美的平台。经过多年的努力，海博翻译社现在已经成为杭州较大的翻译机构。

翻译社的现任社长张红感慨马云创业时的激情，曾这样评价道："当时我们杭州还没有翻译社，大家都不看好，而且一开始也不赚钱。但马云坚持了下来，没有放弃。所以，我很佩服马云，他说的话会让你振奋。没有希望的东西在他看来也是充满生机的，他能带给身边的人生活的激情。"

马云的梦想是要在中国做起成熟的电子商务来，帮助中小企业赚钱。为了这个梦想，他激情澎湃、干劲十足、一往无前，带领团队克服一个又一个困难，终于让阿里巴巴高速运转起来。

在创建阿里巴巴的那次动员会上，马云慷慨激昂、兴奋不已，他手舞足蹈地对其他17位创业伙伴说：

"从现在起，我们要做一件伟大的事情。我们的B2B将为互联网服务模式带来一次革命！黑暗之中一起摸索，一起喊！我喊叫着往前冲的时候，你们都不要慌。你们拿着大刀，一直往前冲，十几个人往前冲，有什么好慌的！

"你们现在可以出去找工作，可以一个月拿3500元的工资。但是，3年后你还要去为这样的收入找工作；而我们现在每个月只拿500元工资，一旦我们公司成功，就可以永远不为经济担心了！"

马云的激情感染了其他17位成员，士气蓬勃而起，一支激情澎湃的团队由此诞生，一个伟大的公司也由此起步了。

"痛苦地坚持,快乐地去死"是一种境界,也是一种积极的、充满激情的创业心态,马云告诉创业者:

"创业的过程是痛苦的,你要不断地克服一个又一个困难,才能获得更大的成功。当你临终前,你会觉得很快乐:人的一生,我奋斗过了,我得到了快乐。"

激情总是与梦想相伴的,梦想激发激情。就是在梦想的激励下,马云以高涨的创业激情,带领自己的团队走向一个又一个人生的高峰。

最后,让我们重温一下阿尔贝特·施维茨尔的那篇著名的《创业宣言》:

我怎会甘于庸碌,
打破常规的束缚是我神圣的权利,
只要我能做到。
赐予我机会和挑战吧,
安稳与舒适并不使我心驰神往。
不愿做个循规蹈矩的人,
不愿唯唯诺诺麻木不仁。
我愿遭遇惊涛骇浪,
去实现我的梦想,
历经千难万险,哪怕折戟沉沙,
也要为争取成功的欢乐而冲浪。

一点小钱,
怎能买动我高贵的意志。

面对生活的挑战，我将大步向前，
安逸的生活怎值得留恋，
乌托邦似的宁静只能使我昏昏欲睡。
我更向往成功，向往振奋和激动。

舒适的生活，怎能让我出卖自由，
怜悯的施舍更买不走人的尊严。
我已学会，独立思考，自由地行动。
面对这个世界，我要大声宣布，
这，是我的杰作。

傻坚持肯定要胜过小聪明

一个来自偏远山村的小女孩，小学时的成绩一般般，勉强能列入中上等生，初中前两年也没有多大起色。女孩想走出农村，去外面看看。而要想走出农村，对她来说，现实的途径就是考上高中。但是，以她现有的成绩，考上高中是不现实的。于是，小女孩开始了艰苦地学习。在别的学生玩耍和走亲戚的时候，她都在伏案学习，日复一日地学。

功夫不负有心人，女孩以优异的成绩考上了高中，终于走出农村来到了城里。高中的学习更加紧张，压力更大，女孩学习也更加刻苦了。在别人去逛街、玩乐的时候，女孩在自习室苦究解题思路。

学习很累，但女孩咬牙坚持着。虽然如此，女孩的成绩依然算不上很好。高考时，女孩怀着忐忑的心情走进考场。成绩下来了，女孩出人意料地考入了外省的一所知名大学。

大学期间，女孩依旧没有放松学习，傻傻地坚持之前的学习习惯。别的女孩忙着参加校内外活动，忙着谈恋爱，而她忙着跑图书馆，忙着去学习班。大四的时候，同学们开始忙着投简历、找工作，而她已经被校方保送上了本校的研究生。

大学招聘会上，她被美国一家大型公司招走了。多年以后，她成了这家公司的总经理。

故事中女孩的人生终于发生了质的变化。她之所以能取得成功就源于坚持，是她的傻坚持给她带来了成功的人生。

傻坚持肯定要胜过小聪明，持之以恒的坚持一定会带来一个令人满意的结果，这结果不是仅仅靠小聪明就能得到的。

马云认为创业者既然选择了创业这条路，坚持走下去就应当是自然而然的事情。"我想告诉大家，创业、做企业，其实很简单。一个强烈的欲望，就是说你想要做什么事情，你想改变什么事情。你想清楚之后，要永远坚持这一点。"

马云把电子商务当作自己企业的发展方向，他坚持这个方向不动摇。因此，他没有因为Google和百度的股票上涨，就跟着Google和百度走。他不希望自己的儿子玩游戏，也不希望别的孩子玩游戏。所以，即使网游很赚钱，他也没有涉入其中。他也不相信短信会影响互联网。所以，他也没有去做。他相信电子商务会影响中国经济，所以他坚持做电子商务。

马云在中央电视台经济频道举办的2005年中国经济年度人物评选创新论坛上，发表了一番演讲。从下面的演说词中，我们可以看出马云的这一志向。

"2005年以后阿里巴巴什么样子我不知道，但是在未来的三到五年，我们仍然会围绕电子商务发展我们的公司，我觉得我们绝对不能离开这个中心，10年的创业经验告诉我，我们永远不能追求时尚，不能因为什么东西起来了就跟着起来。"

马云坚信电子商务一定会影响中国经济。所以，直至现在马云依然坚持阿里巴巴电子商务方向不动摇。

很早以前，马云就认为中国一定会加入WTO。因此，中国企业不应该仅仅只是在国内发展业务，而应该将目光投向国际，让企业走出国，走向世界。马云希望阿里巴巴成为连接中国企业和外国企业的一个平台，帮助中国企业出口，帮助外国企业进入中国。为此，他一直坚持让阿里巴巴朝着这个方向发展，并且从未动摇过。

很多投资者就是看中了马云这种傻傻的坚持，才把钱投给阿里巴巴的。2004年，软银的孙正义再次为阿里巴巴投资。实际上，不仅软银，还有富达创业投资部、GGV、TDF风险投资有限公司都给阿里巴巴投了资，共计8200万美元。

投资金额巨大，可以看出投资方对马云和阿里巴巴十分看好。软银总裁孙正义说："这次的投资与软银公司一贯坚持的寻找能占领市场领先地位的企业投资策略是一样的。"从中可见孙正义对马云和阿里巴巴的欣赏。

很多人把阿里巴巴的成功比喻成把一艘万吨邮轮抬到了喜马拉雅山上面。马云却希望自己和团队能把这艘万吨邮轮从山顶抬到山脚下，"别人怎么说，是没办法的事，你自己要明白，你要去哪里"。马云就是这样在坚持自己的前行之路。

马云经常告诫自己和员工，不要被外界的赞美所迷惑。即使有一天上了什么封面，也要当作上了娱乐杂志一样，不要太当真。在马云看来，那不是成功,真正的成功是很短暂的,背后的付出却是很多很多的。

成功需要坚持,坚持的成功是坚实的。如果不坚持,即便是已经到来的成功也会消失。所以,创业者一定要像马云一样懂得坚持,可能有一天也会取得如马云一样的成功,甚至更大的成功。

死扛下去总会有机会的

马云的创业之路走得很波折,遭遇了很多困难。创建阿里巴巴之前,很多亲友都认为中国不可能搞电子商务。国内既没有诚信体系,又没有银行支付体系,还没有网络基础建设,怎么可能做起来?但是,马云却坚信中国一定会建立起电子商务,会实现在线交易。

但是,没有诚信体系,没有银行支付体系,没有网络基础建设和搜索工具及软件,这也确实是活生生的现实。怎么办?放弃吗?这个时候放弃无异于是一种失败。马云是永不服输的人,自然不会放弃,知难而退不是马云做事的风格。所以,他依然选择了迎难而上。

没有诚信体系,没有支付系统,没有网络基础建设,那就将它们建立起来,一步步解决遇到的问题,一点点向前推进。马云深信,办法总比问题多,没有过不去的火焰山。事实证明,马云的看法和做法是正确的。最终,这些看似不能解决的问题都成功解决了。

成功不是随随便便就能获得的,往往需要付出艰辛的努力甚至巨大的牺牲。作家冰心说过这么一段富有哲理的话:"成功的花,人们只惊慕她现时的明艳,然而当初她的芽儿,浸透了奋斗的泪泉,洒遍了牺牲的血雨。"

成功不易得，碰壁撞头是常有的事。这个时候，考验你的往往是你的自信和毅力。如果你忍痛坚持了下去，迎接你的可能就是胜利；如果你放弃了，迎接你的无疑就是失败。

2006年，《赢在中国》节目中，有一个名叫谭曼生的选手。他在比赛中落选，未能进入108强。他留下了一篇类似"遗书"的博客文章后出走。

在这篇博客中，他写道："我的人生火焰将在今夜的黎明前坠灭，我的口袋里在交了10元钱的网费之后只有9元钱了，我想在走向黎明前用它来做自己最后的早餐……"

谭曼生有着怎样的人生经历，让他如此"慢待"自己的人生？谭曼生，32岁，曾在深圳工作多年，取得了一定成就。后来到上海创立公司，全力开拓自己的事业。他跑前跑后，忙里忙外，全力经营自己的公司。可惜的是，一年后，他的公司还是因经营不善倒闭了。

创业的失败让谭曼生心灰意冷、精神颓废。很长一段时间后，他终于走出这段失意，回到家乡新疆，在一家规模很大的企业做技术和项目经理。正当他准备以此为新生活的起点时，麻烦又一次缠上了他。原来，他负责的工地发生了一场重大事故，作为负责人的他不得不递交了辞呈。

之后，他又加盟GPS行业，希望在新疆打开市场，并以此为出发点，逐步让自己的事业焕发出光彩。为此，他做好了一份详细的占领市场的计划书。他相信，依靠这份计划，自己能以较快速度占领市场。但就在准备实施计划的时候，他突然被强迫出差，计划因此泡汤。

三次事业严重受挫，再加上这次竞赛失败，让谭曼生产生了极大的挫败感，他有了轻生的念头。庆幸的是，经过朋友、网友和媒体的努力，最终出走的谭曼生被找了回来。在众人及媒体的规劝和鼓励下，谭曼生打消了轻生的念头，并重新对生活充满了信心，决定继续努力实现人生价值。

马云理解谭曼生所受到的挫折，却不支持他的做法。他希望谭曼生明白，梦想不是那么容易实现的，梦想永远跟泪水和汗水在一起。

马云和他的团队在外经贸部无法得到他们想要的一切，准备返回杭州重新创业。

当时，包括马云在内，大家的心情都是不好受的，他们聚在北京的一家小酒馆里面喝酒。外面下着很大的雪，众人一边喝酒，一边抱头痛哭，最后一起唱起了《真心英雄》。

即将离开北京之前，他们决定去爬一次长城。在长城上，有个伙伴突然号啕大哭，对着长城大喊："为什么？为什么？"

那一刻，马云的心里异常难受，但他不后悔。前路再崎岖、再难走，他决定也要坚持走下去。2011年9月，马云在《开学第一课》里，回忆当时的情景，感慨地说道：

"今天，大家都看到阿里巴巴、淘宝网有无数的成功。但是你们没有看到我们背后，一个成功后面至少有一千个错误，我们永远是倒下了再起来。所以，我希望大家记住，假如你的路上没有眼泪，没有汗水，你是不可能成功的。"

困难总是会存在的，没有人在实现梦想的过程中一帆风顺，也没有人能替你奋斗，所有的困难，你必须学会自己扛。

要正确看待创业中的困难，马云的这段话可能对我们有着很好的启示："人的一生，我奋斗过了，我得到了快乐。从创业的第一天起，我觉得任何一个创业者都要有这个心理准备。他每天要思考自己未来的10年、20年要面对什么，你碰到的倒霉事情，在这几十年遇到的困难中，只会是小小的一部分。"

创业一定要专注，非专注无以成功

一位知名学者曾深有感触地说："一个人应当一次只想一件东西，并持之以恒，这样便有希望得到它。但是，有人却什么都想要，最终什么也得不到。"

下面这段学者与年轻人的对话说明了专注的重要性。

一位爱好文艺的年轻人拜访了一位学者。年轻人问："您都会什么？"

学者没有回答这个问题，而是反问道："你都会什么？"

年轻人回答道："我会很多。"

学者又问道："你昨天都干了些什么？"

年轻人答道："上午我花了两个小时吹萨克斯，又花了两个小时弹吉他。中午我打乒乓球，之后又花了两个小时看外语书，最后我又花一小时学习茶道。"

学者笑了，意味深长地说道："你这一天很充实啊！"

年轻人一时没有明白过来，他就问："您昨天都做什么事了？"

学者说道："我的一天很简单，上午用了四个小时去读书。"

年轻人又追问："那下午呢？"

"下午也在读书啊！"学者说道。

听了学者的话，年轻人似乎有些触动，一直没有说话。

学者见状，问道："你会那么多，那你的特长是什么呢？"

过了好长时间，年轻人才红着脸说："我答不上来，我好像没有擅长的东西。您呢，您能告诉我您的特长是什么吗？"

学者不慌不忙地说："我呀，我的特长是读书做学问呀！"

年轻人好像一下子明白了什么。

学习要专注，做企业更要如此。在马云看来，做企业专注非常重要。为企业制定战略目标，一定不能超过3个，超过3个就记不住了。每年定目标，确定3个最重要的，第4个就要砍掉。

阿里巴巴旗下只有7家子公司，而不是8家、9家，这是为什么？"因为一个人的管理能力是有限的，最多只能管7个团队，7个以下没有问题，超过7个，一定会产生问题。"马云如是说。这段话侧面反映了马云的专注观。

马云认为，对小企业或者刚起步的企业来说，重要的战略就是活下去。而要活下去，就必须要想清楚3件事：第一件事是你要做什么，第二件事是怎么做，第三件事是要做多久。这同样也体现了专注性。

阿里巴巴之所以能走到今天，能取得辉煌的成就，一个很重要的原因就是专注。阿里巴巴从成立以来，只做电子商务而没有进入其他任何领域。

一路走来，阿里巴巴经受了"各种考验"。成立初期为了生存，后来为了早点上市，阿里巴巴完全可以进入短信领域赚钱。但是，专注于梦想，硬是坚守住电子商务的"起跑线"不动摇，阿里巴巴也由此在电子商务领域走得这么远。

阿里巴巴成立之初，绝大多数人都认为中国不可能搞电子商务。在缺少诚信体系、市场体系、支付体系、搜索工具和软件的情况下，如何搞电子商务？马云的办法很简单同时也很直接，没有这些东西的话那就将其建立起来。"创业者如果等到所有条件都具备了才开始做，机会早就是别人的而不是你的了。"马云如是说。

在阿里巴巴组建之初，马云就将其定位为一家为中小企业服务的服务型公司而不是高科技公司。马云经常这样说："我的下半辈子就是为中小企业工作，为创业者工作。中小企业要生存，重要的是要找到贸易机会，找到买家和卖家，而电子商务就是帮助企业解决生存问题的，阿里巴巴是帮助中小企业生存、成长和发展的。"

许多年过去了，这个初衷一直没有丝毫改变。无论是阿里巴巴B2B，还是淘宝网、阿里妈妈及旗下其他子公司都是服务于中小企业的。

原则上，阿里巴巴是不做大企业生意的。中小企业进驻阿里巴巴的时候可能只有几百万元的规模，在阿里巴巴的帮助下，逐渐变成了几千万元甚至一亿元的规模。这个时候，阿里巴巴通常就会要求这些企业离开阿里巴巴，因为阿里巴巴只做中小企业的生意。

马云将阿里巴巴的这种情况做了类比："不能教小学的时候，还想着教中学，甚至连大学也想包揽。"一如既往的专注，吸引了强大关注力，也赢得了广阔的市场前景，造就了今日全球领先的电子商务公司。

做企业一定要专注。只有专注了，力量才能凝聚起来集力于一处。也只有专注了，才能持久，不会半途而废，才能将事情引向成功。"10只兔子摆在你面前，你不能希望一次全抓到，否则一无所获。"马云这样告诫创业者。

持久节俭才能让激情持久

做生意的目的之一是为了赚钱，这无可厚非，但要摆正对金钱的态度，不能有钱任性，受金钱的支配，做金钱的奴仆。只有摆正了对金钱的态度，合理使用金钱，才可能让事业长久。

李嘉诚是全球华人首富，他白手起家，经过数年的拼搏，缔造了一个庞大的商业帝国。虽然很有钱，但是李嘉诚却一直过着节俭的生活。他从不在乎衣服、鞋子是什么品牌的，只要整洁、干净就行。虽然有专职司机，但他通常自己开车，偶尔还会坐出租车上下班。

在吃饭方面，通常是一菜一汤或者两菜一汤。即使在宴请客人的时候，他也不会大肆浪费而是根据客人的喜好选择合适的菜肴。

李嘉诚的节俭不是作秀，而是数年如一日。他坦言，自己是个喜欢节俭生活的人。虽然不能说是节俭让李氏集团如此强盛，发展如此长久，但确实有着一定的关系。

实际上，不光李嘉诚，还有很多富人也都很节俭。比如，比尔·盖茨、谢尔盖·布林、查理·厄尔根、埃尔·奥米迪亚等商界大佬，他们都拥有巨额财富，完全可以过上奢侈无度的生活。但是，他们崇尚节俭，提倡节俭。

同这些商界大佬一样，马云也一直主张做事要节俭。在创业初期，马云一直是缺钱的。他和朋友创建阿里巴巴时，勉强凑了50万元做启动资金。本来以为这些钱能够坚持10个月，但没想到仅仅五六个月，50万元就花得差不多了。

为了降低公司的运营成本，马云要求管理公司财务的彭蕾要能省则省，想尽办法节省开支。当时的彭蕾自然不像现在这般风光，按她自己的话说，她就是公司打杂的。购置办公用品、给员工买盒饭，都是她的事。

为了买到便宜的办公用品，彭蕾总是货比三家然后再做出决定。在出行工具上，如果去的地方不远，就走着去；如果远，可以坐公交车；如果一定要打车，也要打便宜的出租车。

马云还要求员工住的地方距离公司不要超过500米,目的是节省时间和交通费用。

阿里巴巴发展壮大以后,变得富有起来,但马云节俭的作风却被保留了下来。阿里巴巴的高管们出差坐飞机几乎都坐经济舱,打车也尽量选便宜的,尽管公司给报销。

在阿里巴巴办公室门口的复印机上,放着一个储蓄罐,旁边墙上贴着一张纸,上面写着复印机的使用规定,明确要求个人因私事复印要交5分钱。

对于公司的这个规定有着什么样的深远意义,阿里巴巴集团副总裁金建杭说:"因为公司成本控制得越好,给客户提供的价值就越大,这个习惯大家还是保持得不错,没钱这么过,有钱也这么过。"

马云也曾经说过:"以前我们没钱的时候,每花一分钱我们都认认真真考虑,现在我们有钱了,还是像没钱时一样花钱。"

对于创业来说,钱的意义尤其巨大,没有钱,创业几乎不可能,而且创业还是个很烧钱的事,因此,一定要用好钱,该节俭的地方一定要节俭。

创业者要明白细水长流才能长久的道理,要把钱用在刀刃上。用钱只有像马云一样"抠门",才能像他那样把事业做大做强。

第21堂课
持久做到：客户第一，员工第二

> **马云微语录**
>
> 阿里巴巴永远是贯彻"客户第一、员工第二、股东第三"这个理念的公司。

客户和员工才是你坚持下去的支柱

在马云看来，一家企业如果总想靠政府的政策来扶持，那肯定是走不远的。让他骄傲的是，阿里巴巴从来没向任何银行贷过款，也从未向政府要过一分钱，完全是靠自己的努力一步步走到今天的。

阿里巴巴没有靠政府，没有靠银行，靠的什么呢？靠的是自己，靠的是客户。"创业一定要记住，能保护你的一定是你的客户，能让你的企业持久发展的一定是你的员工。"马云如是说。因此，在马云心中，客户永远排在第一位，排在第二位的是员工，而股东排在第三位。

1999年融资的时候，马云就直接跟阿里巴巴的股东讲，投资者是阿里巴巴的"舅舅"，客户才是阿里巴巴的"父母"。

阿里巴巴的组织结构与其他绝大多数公司的是不同的，它是倒挂过来的。上面是客户，下面是员工，再下面是经理，然后是副总裁，下面是CEO。马云处于最下层，他的老板是几个副总裁，副总裁的老板是总监，总监的老板是员工，员工的老板是客户，客户居于最上层。

马云为什么会大力倡导"客户第一，员工第二，股东第三"的经营理念？道理很简单，只有客户给钱，员工才能挣到钱，股东也才会有收益。他曾深有感触地表示，阿里巴巴最后赢的话，一定是赢在了客户上面。

马云曾详细研究过很多企业，他发现大多数失败的企业之所以失败，一个非常重要的原因就是企业领导者只顾自己的利益，却把客户的利益扔到一边，最终失去了客户的支持，企业也就自然衰亡了。

从这个层面上讲，客户才是企业的救世主，才是企业的衣食父母。有客户的支持，企业才能生存，才能长久发展；没有客户的支持，企业只能走向衰亡。所以马云一直要求自己的员工都能够把客户利益放在第一位。

在感恩客户、一心一意为客户服务的同时，马云也十分感谢自己的员工。他一直没觉得自己的能力有多强，他认为阿里巴巴能取得巨大的成绩，跟每个员工踏踏实实的努力是截然分不开的。"创办一个伟大的公司，靠的不是一个Leader，而是每一个员工。"

马云拿丰田和阿里巴巴做类比，他认为丰田公司很厉害、很伟大，但是丰田公司的伟大不在于领导者伟大，而在于每个员工特别是老员工的伟大。在马云看来，正是每个员工的辛勤工作和无私付出，造就了今天风光无限的丰田公司。如果没有这些员工的兢兢业业和捍卫公司荣誉的情怀，断然不会有丰田公司今日的成功。阿里巴巴也是一样，因为有那么多兢兢业业的员工，才造就了阿里巴巴辉煌的成就。

马云曾在不同的场合不止一次地表示：阿里巴巴之所以能取得较大的成就，跟每位员工的辛勤付出是断然分不开的。他说：

"阿里巴巴走到现在，经历了很多坎坷，我非常感谢阿里巴巴的销售人员，是你们一点一滴的努力，使阿里巴巴有了今天这样的影响力。或许有些人大学一毕业就加入了我们公司，一做就是这么多年。我相信大家一定感到过疲惫，感到过厌烦，或许还遭到过家庭的埋怨，经受了很多诱惑，依然能坚持下来，而且做得这么好，真的很不容易。我看到有些人老了很多，也成熟了很多，你们是阿里巴巴最珍贵的脊梁。"

马云特别感谢团队中那些老员工。在阿里巴巴创立的时候，不好招人，按照马云的话说，大街上只要走路不太瘸的人，几乎都被招了进来。在阿里巴巴的困难时期，一些人离开了阿里巴巴，有的被猎头公司挖走，有的创业去了，但更多的人选择了留在阿里巴巴。结果，那些留在阿里巴巴的人随着阿里巴巴渐入佳境，成了百万富翁、千万富翁。马云非常感谢这些与阿里巴巴同甘共苦的员工，他亲切地称呼这些老员工为"五年陈"员工。

总之，企业的成长要靠员工的成长，员工成长起来了，企业自然也能强大起来。如果员工没有进步，企业就一定不会有大的进步。

客户和员工是企业的"顶梁柱"，没有这两根强有力的"顶梁柱"，企业这座大厦不论多么雄伟庞大，都会倒塌的。

将"客户第一"落到实处

没有什么产品是十全十美的，也没有什么服务是完美无缺的。面对投诉，面对抱怨，要想让企业得到很好的发展，只能秉承"客户第一"的理念，服务好客户。

一位大学教授曾给松下电器总裁松下幸之助写了一封信，信中抱怨学校购买的松下电器经常发生故障。

松下幸之助收到信后，马上安排公司一位高级职员前去处理此事。这个高级职员来到学校后，首先向校方诚心诚意地道歉，之后详细检查了出问题的产品，并做了妥善的处理。这样一来，有抱怨的校方不但没有了抱怨，反而对松下公司的处理很满意。

"客户第一"同样也是阿里巴巴经营最为核心的理念。在阿里巴巴集团内部有这样一个事情广为流传：

阿里巴巴有一个业务员将山东一个三线城市的房地产商发展为中国供应商。尽管这个房地产商并不真的相信业务员讲的可以把他的房子卖到全世界，但还是愿意成为阿里巴巴的客户。尽管这项业务给阿里巴巴带来了几十万的收益，但是阿里巴巴还是把钱退给了客户，并严肃处理了这名员工。原因就是这名员工违反了阿里巴巴"客户第一"的经营原则，给客户做了虚假的介绍，欺骗了客户。

虽然此举使股东的利益受损，但阿里巴巴追求的却是客户利益第一。从这件事上可以看出，马云并不是口头上说得漂亮，而是真正做到了这一点。

马云一心为客户着想。在创业初期，马云曾是阿里巴巴所有产品的检测员。众所周知，马云只懂上网和收发电子邮件，为什么要去当产品检测员？这就源于马云对客户的着想。他说：

"我们的技术人员搞出来的产品，假如我不会用，我相信80%的人也不会用。很多土老板根本不会用电脑，怎么来阿里巴巴？所以，我们要把简单留给别人，把复杂留给自己。一切都要以客户为导向。"

马云经常会问技术人员一个问题，你这个技术对社会有用吗？能帮助别人解决什么问题？这也是马云关注客户体验的表现。

马云还经常化身为客户，充当抱怨者的角色。看下面这段话：

"我不想看说明书，也不希望你告诉我该怎么用。我只要点击，打开浏览器，看到需要的东西，我就点。如果做不到这一点，那你就有麻烦了。即使在后来，使用淘宝网和支付宝这些网站时，我也是个测试者。我和淘宝网的总经理打赌，随便在路上找10个人来做测试。如果这10个人中有任何一个人说对使用网站有问题，那么你会被惩罚；如果都说没问题，能顺利使用，那么你就有奖励。这个测试是确保每一个普通人都能使用网站，不会有任何问题，只要进入，点击就行了。

"因为我说的话代表世界80%不懂技术的人。他们做完测试，我就进去用，我不想看说明书，如果我不会用，我就扔掉它。"

马云的这种做法表现了他确确实实把客户的利益放在了第一位。

为了服务好客户，马云曾提出"一块布"理论。之所以提出这样一个看起来很怪的理论，是马云向海尔虚心学习的结果。

马云的母亲从来没有买过电器，但有一次却坚持要买海尔的空调。马云感到很奇怪，他跟母亲说："海尔的电器要比别的厂家的电器贵，实际上性能都差不多的，为什么非要买海尔的？"

但马云的母亲坚持要买，她告诉马云："海尔空调的安装人员在安装空调时会带一块布。安装完毕后，安装人员会把地擦干净。"马云恍然大悟，原来贵的不是产品而是服务。

马云仔细调查研究了海尔电器的服务体系，发现它们有着很不一样的地方，非常值得阿里巴巴学习。海尔的"国际星级一条龙"服务，不仅在产品设计、制造购买、上门设计、上门安装、回访、维修等各个环节都有严格的制度、规范以及质量标准，单就上门服务这一块规定就非常细化，规定要求服务人员进入客户家里时要先套上一副鞋套，以免弄脏客户家里的地板。安装时，要先把沙发、家具用布蒙上以免落灰。服务完毕后，再用抹布把电器擦得干干净净。临走时，还要用抹布把地擦干净。

马云有感于海尔精微到位的服务，就效仿海尔提出了"一块布"理论。他说："我们那时候要用一块布赢一块钱，在所有的互联网公司都挖空心思赚客户钱的时候，我们的想法是反正我们赚不到钱，所以挖空心思帮助客户成功，这是我们当时的出发点。"

就是基于这样的想法，马云要求阿里巴巴人员在服务客户时，一定要秉持海尔一样的服务态度和服务精神。

"服务是全世界最贵的产品"，这是马云的名言，也是现代企业服务客户需要认同的理念。服务好了客户，客户满意了，自然生意就能做长久。反之，如果没有服务好客户，客户不满意，自然不会再照顾"你"，生意自然也难长久。"客户第一"不应仅仅说在嘴上，更应落到实处。

与员工交往要真诚用心

员工能否真心实意为公司着想，能否将公司的事当作自己的事来做，与公司的领导者对他的态度密切相关。如果领导者在与员工交往时能够做到真诚用心，真正关心员工，那么员工也多半会将公司视为家，把公司的事当作自己的事。

梁正模是韩国有名的鞋业大王，他对自己的员工关怀备至，经常真诚地询问员工在工作中和生活上有无困难。如果获悉确有困难时，他总是想办法为之排忧解难。

他工厂里一位技术很棒的技师一段时间内情绪极其低落，每天以酒解忧。梁正模经多方打听，知晓对方是在思念无法相聚的亲人。梁正模每天下班后就陪着这位技师一同喝酒、聊天，直至深夜才回到家中。很快，这位技师感受到了梁正模的真情厚意。他一改颓废的状态，每天晚上不再喝酒解忧，而是把时间和精力都放在了技术创新和技术改造上。没过多长时间，公司产品的品质就有了很大的提高，在同业竞争中处于优势地位。

梁正模不是作秀，不是哗众取宠，是真正为员工着想，他的真心付出换来了员工的忠心。梁正模的出发点不是为了自己和公司，但客观上却换来了员工的忠心和更加热情地工作。因此，可以说梁正模做了一笔十分有赚头的生意。

日本新力公司的董事长盛田昭夫也深谙此道。在公司每星期出版的小报上，盛田昭夫允许下属单位刊登"求人广告"，也允许员工发布自己的"求职广告"。公司职员可以在所有部门之间自由应聘，任何人都没有权利干预。这样让员工融入公司管理中来，充分调动起了员工的积极性，更好地发挥了员工主人翁的工作热情。

李开复说过这样一段话："创业家身上应当具有'四性'：悟性，学习新事物的能力和心态；耐性，为长期愿景努力，恪守原则；韧性，失败不是惩罚，而是学习的机会；人性，对他人的真心关怀，追求双赢。"

真诚相待是马云处理与员工关系的底线。中国黄页创建初期，资金短缺一直是马云的心头之痛。有一次到了发工资的时候，马云发现账面上的钱不足以发放员工的工资。马云将情况据实告知。面对马云的坦诚，员工们表示理解，并纷纷说就算是再有几个月发不出工资，也不会离开公司。马云非常感动，后来还是想办法筹措到钱，按时给员工发了工资。

2005年，阿里巴巴并购雅虎中国。当马云第一次迈步走进雅虎中国的办公室时，他发现有多种目光齐刷刷射来，有质疑的目光，有怨恨的目光，有怀疑的目光，还有迷茫的目光……

马云十分清楚这种种目光背后的不满和怨恨。他没有虚与委蛇，而是真诚相待，他说："首先，我很抱歉。因为制度要求，我不能预先跟大家做沟通；其次，请大家给我一个机会、一些时间，留一年下来观察；最后，希望大家在一个有空调，像公司的地方舒舒服服地上班。"

为了拉近与雅虎中国员工的距离，并购雅虎中国一个月后，马云决定将雅虎中国几百名员工用专列请到阿里巴巴的大本营杭州去。到达杭州后，为了关照雅虎中国员工的饮食习惯，马云特地命人为他们准备了一份特殊的早餐：两个热包子、一瓶旺旺牛奶、一包口香糖，外加一包餐巾纸。

更让这些员工没有想到的是，车站外早已经停好了十几辆大巴车。当这些大巴车接上了"客人"行驶在马路上时，马路两侧出现了"欢迎回家""欢迎雅虎回家"字样的大条幅。这让雅虎中国员工非常感动，真的有了回家的感觉。

在员工心中，马云不像一个领导者，更像朋友、家人，他经常笑容满面地来到员工身边，随和地与员工交谈，询问工作、生活中有无难题。他允许每一个员工直呼自己的大名，对此他解释说："叫我名字不是很正常吗？名字起了就是给人叫的。"

马云曾说："当员工达到100人时，我必须站在员工的最前面，身先士卒，发号施令；当员工增至1000人时，我必须站在员工的中间，恳求员工鼎力相助；当员工达到10000人时，我只要站在员工的后面，心存感激即可；如果员工增到5万到10万人时，心存感激还不够，必须双手合十，以拜佛的虔诚之心来领导他们。"

马云希望和员工像亲人般，而不是单纯的老板和员工的关系。他追求与员工之间进行真诚的交流，强调用真心对待员工。这使马云获得了员工的肯定，一位阿里巴巴员工曾这样评价马云："他非常善良，比较照顾周围的人，不是应付也不是应酬，而是发自内心的关心。他把我们当作真正的朋友，他付出从来不讲回报，平等待人，而且处事公正，很多事情我们觉得困难，可是他却说，你看我们还有那么多希望。总之，跟他工作，我们很开心。"

关心员工要真心用心，这样才能换来员工的竭诚努力。如果员工能将公司视为家，将公司的事当作自己的事，由这样的员工组成的团队将会战无不胜，攻无不克，拥有这样团队的企业也定会走得更顺、更远。

别把自己当英雄，成绩都是团队做出来的

在联系日益紧密的现代社会，合作同竞争一样重要，不懂得合作的人和企业无法凝聚力量，必定不能长久地生存下去。作为企业领导者，一定

要懂得合作的意义。

一家规模很大的企业招聘开拓市场人员，应聘的人很多，经过层层考核，有9名优秀应聘者经过了初试，进入到由公司老板亲自把关的复试考核。

公司老板事先仔细看过这9个人的详细资料，感觉都很优秀。由于这次公司只能提供3个开拓市场人员的职位。因此，老板给大家出了最后一道题，希望通过这次考核给公司找到最适合的人选。

老板随机把9个应聘者分成甲、乙、丙3组，让甲组去调查本市婴儿用品市场，让乙组调查妇女用品市场，让丙组调查老人用品市场。为了避免盲目调查，任务开始前，老板让秘书给了每组每人一份相关行业的资料。

两天后，9个人都把自己的市场调查和分析报告送到了老板手里。老板看完后，走到丙组人员那里，对他们说："欢迎你们加入我们公司。"

看着大家迷惑不解的表情，老板解释道："拿出两天前，秘书给你们的资料，互相看看。"甲、乙两组人员互看过资料后，发现每个人得到的资料是不一样的，三人得到的分别是过去、现在和将来的市场分析。

老板又说道："丙组的人很聪明，懂得合作，互相借用了对方的资料，补全了自己的资料，而甲、乙两组却各自行事，忽视队友的存在，忽视团队的作用，缺乏合作意识，这在竞争激烈的现代市场是行不通的，要知道团队合作是现代企业成功的重要保障。"

正如所言：团队合作是企业成功的重要保障。一个成熟的创业者，必然有着属于自己的创业团队。这已为无数事实所证明。

马云创业之所以能够成功，也不是单凭他一个人努力的结果。如果他身边没有一批兢兢业业、尽忠职守的团队为他出谋划策，共担风雨，马云的创业可能就不会那么顺利，甚至会遭到挫败。

了解马云和阿里巴巴的人都知道"十八罗汉"的创业故事。这"十八罗汉"从湖畔花园创业开始，一直到阿里巴巴成为互联网"航空母舰"，就风雨同舟，共同迎接挫折和调整，始终不离不弃，生死相随。正是有了这些伙伴的鼎力相助，马云才取得了今日的辉煌成就。

对此，马云有无比清醒的认识，他也一直把阿里巴巴的成功归结为团队努力的结果。他曾说："成功都是团队做出来的，别人把你当英雄的时候，你千万不要把自己当英雄；如果把自己当英雄必然要走下坡路。"

在一次内部讲话中，马云动情地说道：

"其实不是我厉害，而是因为阿里巴巴给我戴了光环，阿里巴巴的业绩、阿里巴巴的团队使得我出去讲话人家会听。我们一定要懂得这个道理，说你能干，不是你真的能干，而是你的团队，你以前的团队、今天的团队能干。"

马云从来没有把自己当作英雄，他把自己在公司的作用比作水泥，把许多优秀的人才给黏合起来，使他们力气往一个地方使："如何让每一个人的才华真正地发挥作用？这就像拉车，如果有的人往这儿拉，有的人往那儿拉，互相之间自己给自己先乱掉了。我在公司里的作用就像水泥，把许多优秀的人才黏合起来，使他们力往一个地方使。"

马云对自己的团队一直抱有信心，也一直引以为傲。当初，在创业的过程中马云遇到过好多困难，他认为最大的困难不是缺钱，而是缺人。后来终于建立起一支行之有效的团队后，马云也有了成就感，"难得的是到今天一大帮人为了阿里巴巴的梦想，为了他们自己每个人的理想在阿里巴巴工作。"马云如是说。

　　马云把团队和团队精神看得非常重，他认为中国最好的团队是唐僧师徒四人取经的类型，虽然每个人都有缺点，唐僧没有什么能力，孙悟空脾气暴躁，猪八戒狡猾懒惰，沙僧愚钝，但就是由这四个都有缺点的人组成的团队却完成了去西天取经的壮举。靠的是什么？靠的就是团队协作、团队精神。马云曾感慨地说：

　　"只有这样的团队，才是最好的团队，这样的企业才会成功。今天的阿里巴巴，我们不希望用精英团队，如果只是精英们在一起，肯定做不好事情。我们都是平凡的人，平凡的人在一起做一些不平凡的事，这就是团队精神。我们每个人都欣赏团队，这样才行。"

　　创业是一件极为困难的事情，没有一支很好的团队，一种高效的团队合作精神，单靠一个人单枪匹马拼杀，即使再努力，也是无法取得创业成功的，坚持梦想也只是空谈。因此，请记住马云的这句话："一个人在黑暗之中行走是可怕的，但成千上万人一起向黑暗冲锋的时候就什么也不怕了。"

第22堂课
要坚持把梦想变成现实

马云微语录

望得再远,路还在脚下……所以,年轻人,梦想有时候是跟行动并齐的,只有你先往前走,才能将梦想变成现实。

不断地创新使自己变强

坚持是要讲一定条件的,在其他条件不变的情况下,自身越强,坚持越能持续下去。相反,自身越弱,坚持越不能进行下去。创新是使自身变强的一个重要外部条件。

市场经济条件下的竞争是非常残酷的,消费者很容易喜新厌旧,因此创新是非常有必要的,是生存的前提条件。

美国家乐公司的研究人员研制出一种早餐麦片,该产品推出后,受到了消费者的好评,引发消费麦片的潮流。之后,家乐公司以产品物美价廉、供货渠道安全稳定等一系列特点,在同行业竞争中稳居上风。但是,家乐公司沉浸在市场老大的美梦中过久,渐渐失去了应有的警惕心和进取精神，对人们悄然变化的消费习惯视而不见甚至麻木不仁，没有采取措施以适应新的变化。

家乐公司的竞争对手美国通用食品等公司捕捉到了市场变化，了解到了消费者新的消费倾向，有针对性地推出了新口味、新品种、多类型的价格便宜的麦片，受到了消费人群的青睐。家乐公司的麦片由此受到了冷落，市场占有率从过去的80%以上急剧下降到38%。家乐公司此时才从迷梦中苏醒过来，想奋起直追，但为时已晚，被迫从市场中败退下来。

家乐公司忽视了市场变化，疏于产品创新，结果导致产品被淘汰出局，公司走向衰落。

马云被评价为"不走寻常路"之人，他所走的路就是一条创新路。有人说，中国互联网发展迅猛而且变化莫测，有不少能够经得起大风暴又独具判断力的成功人士，其中的代表就是马云。

2003年，马云投资1个亿创办了淘宝网，做B2B同时又要做C2C，这个变化让很多人吃惊，也有很多人表示质疑，还有一些朋友提醒马云转变不要太快。

马云却坚持认为，既然阿里巴巴是为企业服务的公司，那么淘宝网的创立，则是为个人交易提供了良好的平台，是锦上添花的好事。事实证明，马云的这个创新又一次成功了，阿里巴巴越来越强大了，俨然成了一艘互联网"航空母舰"。

2013年5月，马云被胡润研究院评为"2013中国十大创新企业家"，并名列榜首。胡润研究院对马云的评价是"创立了阿里巴巴，引领了中国的电子商务行业"。

事实证明，马云确实具备独到的眼光和出色的创新能力。阿里巴巴当初被定位为一家通过电子商务帮助中小企业的服务公司，事实证明，马云的这个定位是非常成功的。

马云此后的创新不断，淘宝网的免费使用、支付宝以及其他一些模式等皆属于创新，这些创新帮助阿里巴巴打破瓶颈，一步步变强。

看来，无论是老企业，还是新企业，抑或创业，创新都是必要且必需的。石油大王洛克菲勒曾说过："如果你想成功，你应辟出新路，而不要沿着过去成功的老路走。"

2005年，《福布斯》杂志上刊登了阿里巴巴员工贴墙倒立的照片，称这是阿里巴巴公司员工的"招牌动作"。确实，在阿里巴巴内部有一条不成文的规定，那就是，阿里巴巴的员工都必须在进入公司3个月内学会倒立。男员工要保持倒立姿势30秒才算过关，女员工则只需保持10秒钟就可以过关。如果没有达到这项要求，就算其他方面再优秀，能力再强，也别无选择，只能离开公司。

阿里巴巴为什么会有这个奇怪的规定？对此马云解释道："第一，倒立可以锻炼身体，不用器械辅助，随时随地就可以进行，十分方便；第二，通过练习倒立，促使员工对问题进行换位思考，用另一种眼光来看待，可以培养创新思维。"说到底，还是创新思维的需要。

总之，变则强。只有创新，才能够使自身适应新情况、新变化，也才能使自身越变越强，越变越好，梦想之路才能越走越远。

创造出实用价值才是至关重要的

创新固然重要，但一定要有实用价值的创新才有意义。正如马云所言:"解决问题是至关重要的。"李开复在他的《做最好的自己》中也说道:"创新固然重要,但有用的创新更重要。"对一项产品来说,重要的是它的实用价值,人们选择它就是为了解决实际问题,其他的都不重要。

创新一定要立足于消费者的需求,否则消费者是不买账的。健力宝集团曾经推出一款名为"第五季"的饮料,从名称和包装上,研发部门都做到并突出了创新,但是结果这款产品并没有得到大众的认可,惨遭市场淘汰,问题出在哪里呢?

原来,这款饮料虽然名称和包装上做了创新,突出了差异化,但品质上与其他竞争对手没有多大区别,精明的消费者自然不会只为这个新名字而埋单。

无独有偶,娃哈哈也曾尝试推过一款叫"维生素水"的饮料。研发者认为,含维生素的水一定要比那些不含维生素的水更受消费者欢迎。但市场调查则表明这个看法是不正确的。原因是注重维生素的消费者会选择果汁类型的饮料,而不会选择含维生素的水。

两者的共同错误在于都没有解决至关重要的问题,即产品的实用价值。消费者关心的就是产品的实用价值,如果在这方面没有获得他们的认可,自然他们不会为此埋单。

创新一定要有实用价值,否则就是毫无意义的。马云曾说:"我理解的企业创新,就是创造新的价值。创新不是因为你要打败对手,不是为了赚更多的钱,为更大的名,而是为了社会,为了客户,为了明天——创新不是跟对手竞争,而是跟明天竞争。真正的创新一定是基于使命感。"马云坚信这一理念,他领导团队所做的一切革新莫不是以此为出发点的。这里略举几例:

阿里巴巴成立的目的是通过互联网帮助中国企业出口,帮助国外企业进入中国。考虑到推动中国经济高速发展的是中小企业和民营经济，因此选择中小企业作为自己的主要服务对象。这是马云立足于中国国情、现实状况而做出来的决定，这个定位很好地彰显出阿里巴巴的实用价值。

阿里旺旺是阿里巴巴推出的即时聊天工具，虽然它的聊天功能不如QQ强大，但它却是针对网上交易而研发的，很多功能体现的是网络交流交易的特点，十分便于买卖双方的交流，因此自推出以来受到了有网上交易客户的认可和欢迎。

2004年9月，阿里巴巴成立5周年时，马云制定了阿里巴巴新的战略布局，公司将从"meet at alibaba"全面跨越到"work at alibaba"。为什么要做这样的转变？马云的解释是："meet"就是把客户聚在一起，就像建水库，如果养鱼，没有多大意思；"work"则意味着水库要铺管道，将水送到家里变成自来水。显然，自来水厂要比水库赚钱。

马云的预想是这样的：将阿里巴巴的买家和卖家引到淘宝网，鼓励淘宝网的卖家去阿里巴巴进货，并且把商品批发给消费者，打通B2B和C2C的界限。"各种电子商务形态在未来都将融合，在一个大平台上运行。连通B2B与C2C平台之后，一种全新的B2C模式将会诞生。"马云如是说。

马云的这次创新非常具有实际意义。经过这次革新，一方面将B和C融合成B2C的新模式；更为重要的是，还形成了之后整个电子商务的走向。如人所料，马云的这种新模式推出后，收效立竿见影，众多国内外知名厂商纷纷在淘宝网上开了专门的店铺，交易火爆。

2005年，阿里巴巴和雅虎战略联盟，收购雅虎中国的全部资产。其后，马云谈到新雅虎中国的设计时说："酷不是本质的东西，酷对我来说很难，我就是这样子的。我们酷就是做我们自己的东西，我们不希望创造酷的雅虎，创造更为实用的雅虎可能更重要。"从这段谈话中，也可以看出，马云强调创造要注重实用性。

支付宝最初作为淘宝网解决网络交易安全所设的"第三方担保交易模式"，客观上说，这种模式不是创新，它早已存在。但是马云依然选择了使用，只因为它的实用性。

在《创新的源泉》一书中，马云讲道："我们不想去创造一种新的商业模式，只不过是为了解决很现实的问题，至于它在技术上有没有创新，那不是我们关心的问题。"

之后，马云在一次公开演讲中说道："阿里巴巴的任何技术创新管理都不是追逐市场，而是追逐客户……阿里巴巴不在乎技术创新好不好，但技术创新要为客户服务。支付宝没有什么技术创新，但是管用，这就好。"

产品的实用价值是消费者关心的。因此，一定要注重产品实用价值的实现。只有做到了这一点，才能受到用户的欢迎，才能长久地在竞争中占据主导地位，从而将梦想变成现实。

拥抱变化，抓住时机

集市上一个小贩在卖辣椒。一个阿姨走了过来："小伙子，你卖的辣椒辣吗？"

"不辣，一点儿也不辣。"小贩微笑着回答道。

于是，阿姨买了几斤辣椒走了。

又过来一个年轻人，问："这辣椒辣不辣？"

"辣，辣得很，保你够劲。"小贩淡定地回答道。

于是，年轻人也买了几斤辣椒走了。

有人问小贩："你怎么前后说法不一致，你不是说谎吗？"

小贩认真地答道："我没有撒谎，我这里辣的和不辣的都有，老年人喜欢不辣的，年轻人喜欢辣的，我只不过是根据他们需要不同而说法不同而已。"

市场经济下，商业信息瞬息万变，变化随时发生着，时机的重要性不言而喻，"机不可失，时不再来"之类的话，丝毫不为过。不能把握变幻莫测的市场动态，就不能及时做出正确的决策，错失良机，成功可能就会因此离你而去，再谈坚持又有何意义。

要想使企业长长久久，就要使企业适应变化，跟上潮流，在稳定中成长和发展。

西尔斯公司是个经营私人零售业务的百年企业，曾拥有员工多达30万名，联销商店将近2000家，子公司遍布欧美各地。

西尔斯公司的创始人理查德·西尔斯原是一个铁路货运的代理商，他对美国农村市场非常了解。

针对美国农村交通不便的情况，他尝试采用邮寄商品的方式从事商品买卖。邮寄商品就是利用信件订货，又通过邮件付货，从而把买卖双方面对面的市场，从商店延伸到消费者家中。

由于这种买卖形式与当时美国农村交通不便、农民购物困难的状况十分吻合，所以受到了美国农民的欢迎。

西尔斯也因此对邮购业务倾注了大量心血，采取了一系列措施，促进这种形式的发展。

20世纪20年代后期，西尔斯公司的掌舵人伍德针对当时美国农村市场的变化，采取了新的经营策略，即在巩固邮购业务的同时，以更大投入发展门市零售业务，同时为城市居民和农民消费者服务。1931年，西尔斯门市零售业务营业额首次超过邮购的营业额。

20世纪50年代初期，西尔斯公司又首创了郊区型购物中心，将商业、服务业、娱乐业融为一体，受到了消费者的热烈欢迎，这种模式很快遍及美国。

西尔斯公司就是紧盯市场，适时改变自己，使自己紧跟时代潮流，从而实现在稳定中成长和发展。

2005年3月24日，西尔斯公司与凯马特公司合并，组成美国第三大零售业集团，以另一种形式延续百年企业的传奇。

马云是一个能看到变化，抓住机会的人。首先，他创建中国黄页和阿里巴巴就是应变化之需的行为，他把阿里巴巴定位为一家为中小企业服务的电子商务公司就是看准现实需求，抓住机会之举。马云在一次演讲中曾讲道：

"在阿里巴巴公司文化中有一条非常重要的价值观就是拥抱变化。我们认为，除了我们的梦想之外，唯一不变的是变化！这是个高速变化的世界，我们的产业在变，我们的环境在变，我们自己在变，我们的对手也在变，我们周围的一切全在变化之中。"

变化是时刻都在进行的，唯一不变的是变化，应对变化的法宝就是马云所说的拥抱变化，以变化应变化，在以变应变中，及时抓住时机，将梦想变成现实。

诚如马云所言:"变化是世界的特征,除了我们的梦想之外,它可能是唯一不变的东西,因此要想成功,就要努力做到预测变化,做到在变化之前行动。"

在马云看来,阿里巴巴价值观里的拥抱变化,关键因素在于拥抱而不在于变化。因为很多变化是不以人的意志为转移的,只有做到很好地拥抱变化,才能充分发挥人的主动性,适应变化,并且在变化中求得生存与发展。

阿里巴巴是国内大型的互联网公司,有着巨大影响力。但在马云看来,阿里巴巴的制度体系还很不完善。如何完善呢?就是在变化中,在动态中逐步完善。

很多大一点的公司经常出现内部人员争风吃醋、钩心斗角、争权夺利等现象,比如公司派给一个副总的专车是宝马,而派给另一个副总的专车是奥迪,后者或者后者的秘书就不平衡了,开始不停地抱怨:"公司处事也太不公平了,为什么同样是副总,他们用的是宝马,而我们用的是奥迪?"

再比如,一个公司的高管跟手下的秘书有了暧昧关系,办公室里的人经常交头接耳议论此事,造成了极坏的影响。即使这个时候开除了当事人,也无法挽回局面,因为事情已经发生了。

马云把这类现象称为"办公室政治",为了防止出现这类"办公室政治",马云让人制定了详细的预防措施,防患于未然,杜绝此类现象在阿里巴巴发生。

大部分人总认为自己很聪明,认为自己能够做到不犯错误。马云认为99%的错误是每个人都会犯的,之所以还没有犯,是因为还没有到那个关口,到了那个关口一定会犯。因此,马云担起阿里巴巴一个总医师的职责,他说:

"我每天给它们望闻问切，看哪些地方是癌症，哪些地方是很小的病不用治。有些小问题也要引起注意，如果忽视就可能引发大灾难。身上长了一个红斑，虽然不痛不痒，但你得注意是什么原因导致的。"

在马云看来，作为一名CEO，一定要起到监督全局的作用，不仅要看到这头，还要看到那头，并要兼顾全局，做到防患于未然。如果做不到，小毛病演变成癌症的话，灾难就大了，甚至会夺人性命。

作为一个团体，需要有一个统一的思想，这样才能方向一致，行动一致。为了让上下一心，马云搞了几次"整风运动"，从思想上统一了认识，明确了目标。这同样也是为了更好地拥抱变化，在变化中能迅速抓住时机。

2005年，雅虎中国和阿里巴巴缔结了战略合作伙伴关系，马云认为这次合作意义是非凡的。它将阿里巴巴推上了互联网行业老大的地位，几乎成了所有互联网公司的敌手。

另外，有了雅虎10亿美元的投资，阿里巴巴拥有了更加强势的互联网业务。

当年10月，马云宣布淘宝网将以10亿元人民币再免费三年，此举是为了用免费的营销策略继续招揽并留住用户。

马云在恰当的时候，抓住时机，促进了和雅虎合作，他说："这是个非常难得的机会，不抓住会终身遗憾，何况我已经等了7年。"

2013年5月10日晚，在阿里巴巴集团淘宝十周年大型晚会上，马云宣告阿里巴巴以2.94亿美元购买高德软件公司28%的股份，成为高德地图绝对控股方。10天前，阿里巴巴以5.86亿美元购入新浪微博约18%的股份。这两项巨额收购又一次鲜明地体现了阿里巴巴坚持梦想、迎合市场、拥抱变化之举。

商场如战场，要想把梦想变成现实，就要善于在风云变幻的商海竞争中看到变化，在变化中抓住时机，抢在变化之前行动，才能取得先机，占据主动，坚持把梦想变成现实。

附 录
马云关于"梦想"的演讲实录

人生唯有梦想与坚持不可辜负

> 摘自"2008年3月16日，马云在'中国青年创业行动'上的讲话"

我刚才在门口一听说要演讲，就有些激动，立即就想到了两个词：梦想与坚持。我想跟大家讲，作为一个创业者，首先要给自己一个梦想。1995年我偶然有一次机会到了美国，然后我发现了互联网。发现了互联网以后，我对技术几乎是一窍不通，因为我不是一个技术人才。到目前为止，我对电脑的认识还是停留在收发邮件和浏览页面上，到现在为止我还搞不清楚该怎么样在电脑上用U盘。但是这并不重要，重要的是你的梦想是什么。

早在1995年，我就发现互联网有一天会改变人类，可以影响人类的方方面面。但是谁可以改变互联网，它到底该怎么样影响人类？这些问题我在当时没有想清楚，只是隐隐约约感觉到这是将来我想干的……经过一个晚上的思考，第二天早上我还是决定辞职，去实现自己的梦想。为什么是这样呢？今天我回过来想，我看见很多游学的年轻人是晚上想千条路，早上起来走原路。如果不去采取行动，不给自己一个实践的机会，你永远没有机会成功。所以我稀里糊涂走上了创业之路。

……有了一个理想之后，我觉得重要的是给自己一个承诺，承诺自己要把这件事做出来。很多创业者都觉得条件不够，该怎么办？我觉得创业者重要的是创造条件。如果机会都成熟的话，一定轮不到我们。所以一般大家都觉得这是好机会，觉得机会成熟的时候，我觉得往往不是你的机会。你坚信这件事能够起来的时候，给自己一个承诺，我准备干5年，干10年，干20年，把它干出来。

在一次跟创业者交流的过程中，我说创业者的激情很重要，但是短暂的激情是没有用的。长久的激情才是有用的。一个人的激情也没有用，很多人的激情才有用。

其实阿里巴巴做电子商务，9年以来我们经受的批评、指责非常多，有人说中国不具备做电子商务的条件。中国没有诚信体系，没有银行支付体系，基础建设也非常差，凭什么你可以做电子商务？那你说我怎么办？等待机会？等待别人来，等待国家建设好，等待竞争者进来？我觉得如果没有诚信体系，我们就创造一个诚信体系；如果没有支付体系，我们建设支付体系。只有这样，我们才有机会。9年的经历告诉我，没有条件的时候，只要你有梦想，只要你有良好的团队坚定地执行，你就能够走到梦想的彼岸。

这9年，让我最感到骄傲的事情不是取得了什么成就，不是说9年能活下来，而是我们每一次碰上的灾难和挫折。当然，我今天不想在这儿吹牛，我不清楚是如何碰上这些灾难和挫折的，同时我也不清楚是如何走出来的。很多人告诉我，当时是做了怎样准确的决定，让我走出了困境。其实有的时候，运气也很重要，但这些运气之所以会降临，是因为你的信念，是因为你给自己的承诺，给团队的承诺。

我坚信，中国需要大批的中小型企业，解决中国13亿人口巨大的就业问题。我不相信国有企业能解决这些问题，而需要大量中小型企业，就需要大量的创业者。

创业者在记住梦想、承诺、坚持、该做什么、不该做什么、做多久以外，我希望创业者给自己、给员工、给社会、给股东承诺，永远让你的员工、家人和股东可以睡得着觉，不能做任何逾越法律以及危害社会的事情。只要这些东西在，我对我的家人、对我的员工、对我员工的家人、对我的股东永远坦荡。

我们犯错误，心里也知道错在哪里。今天很残酷，明天更残酷，但后天很美好，大部分死在明天晚上，所以我们必须每天努力面对今天。

未来10年的梦想

摘自"2009年9月10日,马云在阿里巴巴十周年庆典上的讲话"

10年以前,在我的家里,我还有其他17位同事,我们描绘了一个图。我们认为中国互联网会怎样发展,中国电子商务会怎样发展,我们讲了2个小时,从此就走上了这条路。10年下来,没有任何理由我们会活下来,有无数的原因、无数次的坎坷、无数次的情况会让阿里巴巴一蹶不振,甚至消失在互联网世界。我们也在问是什么让我们活了下来,并且越来越强大。我清楚我们的人能力并不是非常强的,我见过很多人比我们强,阿里巴巴今天的年轻人比我们10年前能力更强;我们也不是非常勤奋的,有很多比我们更勤奋的人;我们也不是非常聪明的,比我们聪明的人多得很。那是什么让我们活了下来?让我们坚持到现在?今天我想在这里跟我们所有的阿里巴巴人,跟我们所有阿里巴巴的亲朋好友分享一下,我认为我们是非常幸运的,我们有幸生活在这个时代,有幸生活在这个互联网时代,有幸生活在中国。所以,从第一天起到现在,阿里巴巴一直充满了感恩之情,要感谢的人非常多。

……

　　世界不需要再多一家互联网公司，世界不需要再多一家像阿里巴巴一样会挣钱的公司，世界也不需要持久经验的公司，世界需要的是一家更加开放、更加分享、更加有责任的公司。社会需要的是一家社会型的企业，一家来自于社会、服务于社会、对未来社会充满责任承担责任的企业。世界需要的是一种精神、一种文化、一种信念、一种梦想。阿里人未来10年坚守我们的信念、坚守我们的文化、坚守我们的梦想，只有梦想、理念、使命这样的价值体系才能让我们走得远。

　　我们希望通过阿里人的努力，能够通过互联网、能够通过电子商务，让全世界所有的企业在平等、高效的平台上运作。我们期望10年以后，在中国的土地上，再也看不见民营企业和国有企业之间的区别，我们只看到的是诚信经营的企业；我们不希望看到的是外资企业、内资企业的区别，我们只希望看到的是诚信经营的企业；我们不希望看到大企业和小企业的区别，我们只希望看到的是诚信经营的企业；我们希望看到商人再也不是唯利是图的象征，我们希望看到的是企业再也不是以追求利润为目的，而是追求社会的效益，追求社会的公平；我们希望看到自己作为企业家、作为商人，在这个社会里面承担着政治家、艺术家、建筑家一样的责任，成为促进社会发展主要的动力之一。

……

　　我今天当着27000名阿里巴巴的员工、阿里巴巴的客户、亲朋好友描绘一下10年以后，阿里巴巴如果做好新商业文明，我们未来的具体指标是什么。第一个指标，我们将会创造一千万家小企业的电子商务平台，我们要为全世界创造一亿的就业机会，我们要为全世界10亿人提供消费的平台。我们希望通过一千万企业的平台让所有的小企业可以通过技术、通过互联网、通过电子商务，跟任何大型企业进行竞争；我们希望我们的消费者，能够享受真正的价廉物美的产品；我们更希望在我们服务面前，让任何一个老太太，不要因为少交了60元电费去银行门口排队，利用我们的服务，让他们跟工商银行的董事长享受一样的权利。

我相信，一千万家中小企业，一亿个就业机会，10亿个消费者，一定会引来很多非议、嘲笑、讽刺，不过没关系，我们阿里人习惯了。我也相信世界也许一定会忘记我们，因为我们不是追求别人记住我们，我们追求的是别人使用我们的服务，完善自己的生活，促进社会的发展。

梦想是可以喝着酒说的

摘自"2010年9月11日,马云在第七届网商大会闭幕式上的讲话"

那天去《开学第一课》,他们给我的题目是"坚持梦想",我在上面讲的时候下面没有一个人在听,也难怪,他们如果听得懂我讲的话,麻烦也大了。很多时候是很累的,比方说我对某个问题的看法,这个人不接受;你怎么说也没有用,很多事情,如网络上的职责,我站出来说没有用,但是那天,我还是选择给孩子们讲真话的,梦想是没有办法坚持的,梦想是天天在换的。我小时候有很多梦想,当警察,当解放军,当售票员。要坚持这个梦想,今天连工作都没了,因为今天汽车都没有售票员了。

梦想是可以换的,但是你不能没有梦想。你知道,一个孩子如果跟你讲历史的时候,这个孩子很了不起;一个老头跟你讲梦想的时候,你要对他非常敬畏……梦想可以不断地变,但是不能没有梦想;理想要坚持,因为理想不是个人的,理想是团队的。所有到我们公司的人都有梦想,我讨厌那些没有理想的人到我们公司来。他们可以有各种各样的梦想:我要为自己买辆车,我要买栋房子,我要娶个好太太,我今年要生个女儿。非常好！但经理的职责是什么？把这些有梦想的人组织在一起达成共同的理想，并且坚持这个理想。改变自己，走向这个理想。因为你正一步一步贴近，即使有时候理想真的可能很远。

……

理想是痛苦的，梦想是可以喝着酒说的；理想是集体的，是团队的，我们必须坚守，并且改变整个团队每个人的风格往前走，我觉得只有这样，我们每个人才会成长。

给创业者的五点建议

摘自《马云内部讲话：相信明天》

有人问我，阿里巴巴今天还活着，并且发展得还不错，原因在哪里？我觉得没有什么秘诀。

第一，不断反思自己当初为什么创业。今天，虽然阿里巴巴已经这么大了，但是我还是会反思当初为什么要创业，想我应该做什么，不应该做什么。

第二，在哈佛，我讲过，我没有钱，我是靠2万元起家的，正是因为我没有钱，所以我对每一分钱都非常珍惜，养成了非常节约的习惯。当你有几百万元的时候，你可以说自己很有钱；你有一亿元的时候，你可以说自己很有资本；当你有十几或者几十亿元的时候，对你来说，那就是资源。很多企业失败、倒霉，都是在有钱的时候。今天阿里巴巴有160亿元的现金储备，我们每个月都赢利。

第三，我们有激情。我就是想做这件事。对所有创业者来说，懂不懂技术不重要，重要的是要有激情，不懂技术的人要尊重懂技术的人，你可以请懂技术的人来为你工作。到今天，我也不清楚什么是程序。正因为我不懂技术，心里没底，所以我请技术好的人来阿里巴巴，我们合作得非常愉快。

我曾是阿里巴巴所有产品的检测员，我只会用电脑上网和收发电子邮件，连DVD怎么放都不清楚，为什么要去当产品检测员？因为我觉得技术人员的责任就是帮助不懂技术的人把技术搞得更简单。我们技术人员搞出来的产品，假如我不会用，我相信80%的人也不会用。很多土老板根本不会用电脑，怎么来阿里巴巴？我们要把简单留给别人，把复杂留给自己。一切都要以客户为导向，我经常问我们的技术人员："你这个技术对社会有什么帮助？能帮助别人解决什么问题？"

第四，我很少做计划，但我有明确的方向，我的使命感决定了我的方向。阿里巴巴最重视企业文化，新员工不管来自哪里，都必须到杭州参加为期一个月的培训。不管做什么事情，引导我做出决策的永远都是我的使命感。阿里巴巴的使命是让天下没有难做的生意，我也有过迷茫，假如你是第二名、第三名，那你跟着第一名跑就可以了，但假如已经是第一名了，哪里才是你的方向？是克林顿让我找到了方向，我问他怎么领导美国，他说，是人民决定美国到底要往哪里去的。

世界上那些伟大的公司都有自己的使命，GE的使命是让天下亮起来，迪士尼的使命是让天下开心起来，所以他们永远不拍悲剧。任何公司，没有使命感，就没有凝聚力。

第五，要有共同的目标。作为一个组织的领导者，你必须让你的团队成员有共同的目标。我特别为阿里巴巴员工感到骄傲，我们公司各种各样的人都有，因为我需要的是"动物园"，不是"农场"。因为他们每个人都认为自己很聪明，是天下第一，尤其是现在的年轻人。怎样才能把他们团结起来呢？要靠价值观，来阿里巴巴的人必须认同和坚守我们的价值观。

我们公司的考核标准是业绩占50%，文化占50%。业绩很好、价值观不行的人，我们称为"野狗"，一定要杀掉。还有一些人，文化特别好，特别善于帮助别人，但业绩不行，我们称为"小白兔"，也得杀。你不杀，就永远不能治理好一家企业。所以，做企业，除了要有激情，还要有使命感、文化价值观，你的所有目标、制度都要按照价值观走，这样才能越做越强大。

不放弃，我们才有机会

摘自马云一分钟励志演讲《最大的失败是放弃》

我想告诉大家，创业、做企业，其实很简单。一个强烈的欲望：我想做什么事情？我想改变什么？你想清楚之后，要永远坚持这一点。

我的座右铭为什么是"永不放弃"？因为这世界上最大的失败就是放弃，放弃是容易的。我想说的是，活着就是胜利。这个世界上痛苦的是坚持，而最快乐的也是坚持。

我个人认为，人的一辈子一直都在创业。深圳以前有一个口号叫作"二次创业"，我不太认同这个。同一批领导是没有办法二次创业的，因为其实从第一天创业起你就一直在创业。

在互联网进入冬天的时候，我们第一没有品牌，第二可以用的资金非常少，整个市场形势不是非常好，很多人听到互联网转身就跑。那个时候，有很多人进入，也有很多人出去。有一个年轻人，在刚进入公司时我跟他说希望在艰难的时候坚持下来不放弃。他说："我记住了，5年之内我绝对不会走。"5年下来，和他一起来的一个个都走了，当他快坚持不住的时候，我就跟他说我记得他当时说的话。他坚持了下来，无论他的做事风格还是他的财富都已经非常成功了。

在长城上，我们说要创建一个由中国人创办的好的公司，困难的时候，我们要永远回忆这个东西。

我不知道该如何定义成功，但我知道该如何定义失败，那就是放弃。如果你放弃了，那么，你就失败了。你有梦想，如果不放弃，那么你永远有希望和机会。

人永远不要忘记自己第一天的梦想。你的梦想是伟大的东西。

人生是一种经历，成功是在于你克服了多少困难，经历了多少灾难，而不是取得了哪些成就。我希望等我七八十岁的时候，跟我孙子说的是，你爷爷这辈子经历了多少，而不是取得了多少。我想每一个人也一样。生活很美好，不断地努力，不放弃，我们才有机会。

把梦想变成团队成员的梦想

摘自《马云内部讲话：相信明天》

老板还要考虑的问题是你的团队，没有优秀的团队，你就没有办法成功。请把你的梦想告诉你的团队，不要让你的团队为你工作，要让你的团队为你的梦想工作，把这个梦想变成团队成员的梦想。

2003年底，在制定2004年每天要达到100万元利润目标的时候，一个销售员说："马总，我明年要完成700万元。"我问他："你今年完成了多少？"他说完成了100万元。我说，那700万元是很难达成的。他说他一定能，并跟我打了一个赌。

赌约是这样的：如果第二年他完成了700万的80%，全世界的地方任他选，我请他去吃饭；如果他完不成，年终大会那天，他要把衣服脱光跳到西湖里去。

第二年他非常努力，最后完成了700万元的78%。我跟他说，公是公，私是私，湖还是要跳的。年终大会那天，天气非常寒冷，吃完饭后，我说走，跳西湖去。我们到了西湖边，他真的脱光了衣服跳进了西湖。

公司的使命、目标、今年的任务，公司所有人是不是都清楚了？传达室的保安清不清楚？如果他还不清楚，那一定有问题。你一定要告诉公司里的每一个人，你们公司的使命、目标、任务是什么。

有人说，我下面的那些人都是垃圾，没有一个像样的。我的一个朋友对我说，我要是你就好了，你手下都是那么优秀的人，我手下都是混蛋。

在阿里巴巴，每个管理者的工作就是把浑蛋变成不是浑蛋。一年之后，如果你下面的人还是浑蛋，那责任在你。人是可以成长的，没有永远的浑蛋。过了几年，和我那个朋友有一样想法的人都陆续离开了公司。

回过头来看，虽然我们最早创业的18个人都有伤疤，但我们都在，这些人才是真正的大将。阿里巴巴最大的财富不是我们取得了什么成绩，而是我们经历了这么多失败，犯了那多么错误。

之前我说过我要写一本书，写阿里巴巴曾经犯过的错误。这些错误，你听了会笑着说，我那时候也犯过。当你有重要项目时，不要派常胜将军上去，要派失败过的人上去。失败过的人，才会把握每一次机会。

你们不要看我们今天表面很风光，我们以前也犯过很多错误，今后还会犯错误，但我们依然会朝着我们的目标前进。创办阿里巴巴的第一天，我们发誓要创办中国第一的企业。这是大家的理想，不是我马云一个人的理想。所以，我们注定要走更长的路，吃更多的苦，要付出更艰辛的努力。

梦想变不成现实，就是空想、瞎想

摘自"2013年4月，马云在深圳IT领袖峰会上的讲话"

不管事业多成功、多伟大、多了不起，记住我们到这个世界就是享受经历这个人生的体验。忙着做事一定会后悔，我不希望自己七八十岁还在公司开早会，我的同事很生气，又不好意思说。

昨天晚上到得比较晚，晚上跟大家聊得特别开心，回想当年往事，14年来中国互联网发展，我们经历了很多有意思的事情，回顾自己犯过的错误，见过无数奇葩的人，但这是美好的经历，人生就是这样。

我回去后又睡不着，我想14年给了我那么多有意思的经验，15年以后又有什么样的东西可以让我们这帮人再一起吹牛、聊天。

如果今天不设计好的话，15年以后一定会很倒霉。我们这批人昨天晚上聊，我们这些人都坚持对梦想的追逐，都有很好的梦，都有对梦想的坚持和执着。

但是中国的梦，我认为13亿人应该有13亿不同的梦，所谓中国梦不是把全中国统一一个梦，因为13亿人有不同的梦想才会有今天、明天。

我今天来不想谈IT未来的展望，一会儿留给马化腾、李彦宏年轻人谈，我比他们大几岁，男人大一岁就是一岁，千万不要跟年轻人比远见，不要跟年轻人比创新，我只讲一些作为我们这个年纪的人观察到、听到的事，今天讲讲如何把梦想变成现实，如果梦想变不成现实，就是空想、瞎想，最近讲得较多的就是空谈误国。

我不是学技术的，我对IT真不懂，我也不懂管理、不懂产品，但是我后来发现自己找到了一个地方是可以做的，就是在管理、在领导力、在怎样把梦想变成现实上，我估计我比绝大部分IT人花的时间更多。